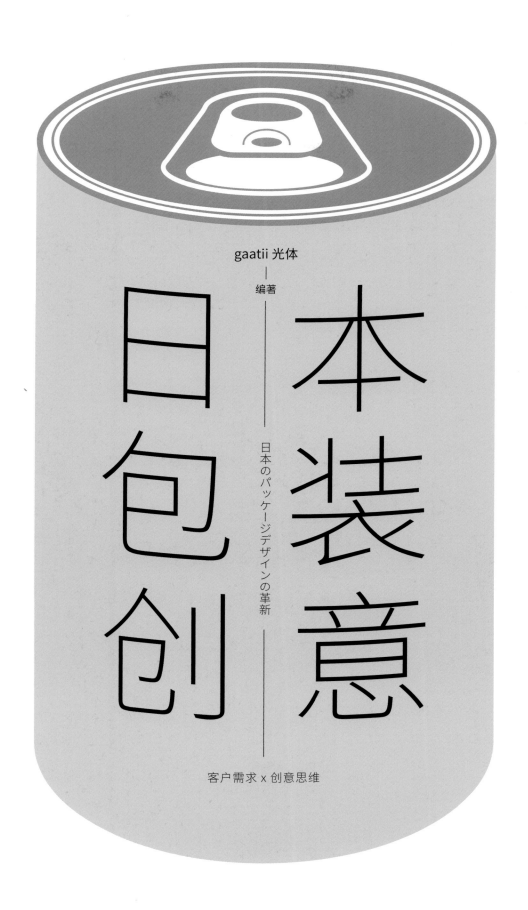

gaatii 光体

编著

本装意

日本のパッケージデザインの革新

日包创

客户需求 x 创意思维

重庆出版集团 重庆出版社

图书在版编目（CIP）数据

日本包装创意 / gaatii 光体编著 .-- 重庆：重庆
出版社，2022.9
    ISBN 978-7-229-17043-1

Ⅰ.①日… Ⅱ.①g… Ⅲ.①包装设计 Ⅳ.
① TB482
    中国版本图书馆 CIP 数据核字 (2022) 第 133245 号

日本包装创意
RIBEN BAOZHUANG CHUANGYI

gaatii 光体 编著

策　　划	夏　添　张　跃
责任编辑	张　跃
责任校对	刘小燕
策划总监	林诗健
编辑总监	柴靖君
设计总监	陈　挺
编　　辑	柴靖君　聂静雯
设　　计	吴惠蓝
销售总监	刘蓉蓉
邮　　箱	1774936173@qq.com
网　　址	www.gaatii.com

重庆出版集团
重庆出版社 出版

重庆市南岸区南滨路 162 号 1 幢　邮政编码：400061　http://www.cqph.com
佛山市华禹彩印有限公司印制
重庆出版集团图书发行有限公司发行
E-MAIL:fxchu@cqph.com　邮购电话：023-61520678
全国新华书店经销

开本：889mm×1194mm　1/16　印张：12
2022 年 9 月第 1 版　2022 年 9 月第 1 次印刷
ISBN　978-7-229-17043-1
定价：238.00 元

如有印装质量问题，请向本集团图书发行有限公司调换：023-61520678

如何阅读这本书

本书由四个章节组成，分别为色彩、图形、工艺材料和版式。通过对书中包装设计作品的
深度分析解读，让读者更全面地了解到日本包装设计中的创意与方法。

作品创作参与人员

作品名称与背景介绍

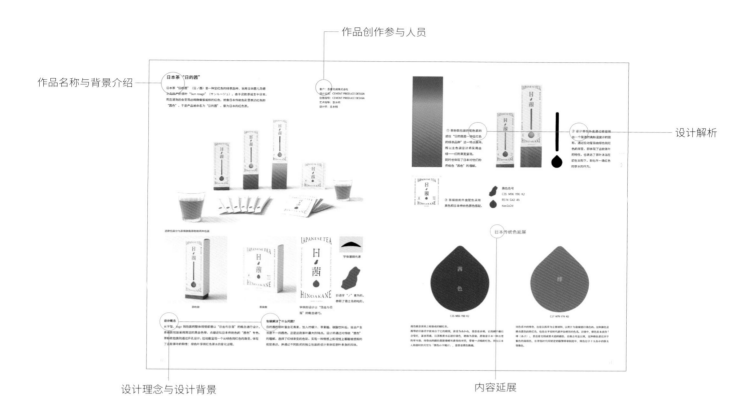

设计解析

设计理念与设计背景

内容延展

图形重现

图形解析

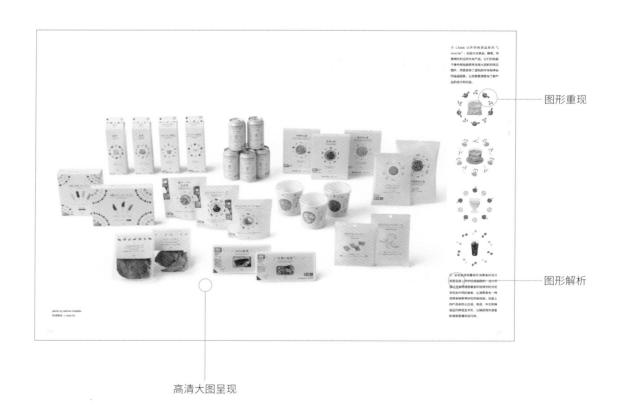

高清大图呈现

日本设计向来注重从传统文化中寻找元素进行创新呈现。

文化是社会的灵魂。伴随着现代社会的发展，设计的发展也应该找到赖以生存的根基，这个根基就是传统文化。

在传统文化的基础上，创新有了无限的可能与活力。就拿日本包装设计来说，传统文化的结合赋予了产品独特性，而通过现代的设计手法，又使传统文化产品焕发生机，吸引年轻的消费群体。

甘纳豆是一种日本传统糖果，过去很受欢迎，却逐渐被时代所遗忘。YOSUKE INUI 设计事务所通过生动形象的植物线描插图，配以日本传统的背景色，将甘纳豆的原料以清新典雅的包装呈现出来，就像一本古老的日本食谱，让这种传统糖果能再次吸引到更多人的目光。

京都甘纳豆包装

而来自岐阜县的"郡上八幡"苹果苏打酒，则为我们提供了另一种思路。这种酒的产地郡上市八幡地区，流行一种叫"郡上踊"的传统舞蹈，被视为日本三大盂兰节盆舞，是当地重要的非物质文化遗产。于是设计师巧妙地将这种特有的文化元素加入苹果酒的包装设计中，为产品赋予独特性，同时也弘扬了该地区的传统特色。该设计也成功获得了 2021JPDA 日本包装设计大赏的金奖。

当然，日本包装设计的创新还不仅限于此。除了结合传统文化，和产品的强关联性也非常值得关注和学习。不妨看看以下三个案例："日的茜"茶、德岛大米冰淇淋、"雪之花"味噌。

郡上八幡
苹果苏打酒包装
(2021JPDA 日本包装设计
大赏金奖作品)

"日的茜"茶是一种冲泡后呈茜红色的绿茶品种，设计师采用从绿到红的渐变呈现，体现了这款茶叶的特性：从绿色叶芽到红色茶水的变化过程。

德岛大米冰淇淋也是如此，这款用大米和糙米制作的冰淇淋十分独特，在市面很罕见，所以设计师在包装上突出了"米粒"的形象，与其他冰淇淋有很强的视觉区分。而"雪之花"味噌的包装上这个令人印象深刻的雪花图案，其实是来自这种味噌汤中漂浮着的麦芽所呈现的形状，设计师抓住产品的特性在包装上进行了强调。包装与产品的强关联性，使产品的特性在包装上得以放大，也使产品的外观变得独一无二。

大米和糙米冰淇淋包装

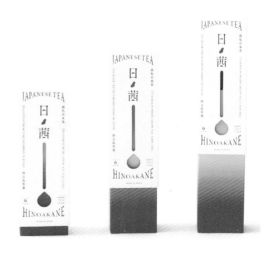

"日的茜"茶包装

"雪之花"味噌包装

无论是与传统文化的结合，还是与产品的强关联性所产生的独特效果，日本的包装设计总能诞生让人"惊叹"的好作品，这和当今日本社会背景有很大关系。当今的日本已经发展成"低欲望社会"，人们的消费欲望自上世纪八十年代经济泡沫破灭后便不断降低，所以品牌之间对于产品的激烈竞争也逐渐发展到包装设计层面的竞争。

而近几年来，日本包装设计又呈现出一些新的趋势，这从本书的最新案例作品可以看出一些端倪：

唤起情感共鸣

设计向来被认为是由"左脑"主导的，因为设计需要理性。但是日本食品界却有不少设计者采取了一种完全不同的方法——用右脑去设计，将感性、情感注入包装设计，使产品与消费者共情。日本百年酱油品牌"楠城屋"推出了一款香菜风味的酱油，在包装上用最醒目的文字写着"パク"（PAKU PAKU），也就是吃饭时候发出的"吧嗒吧嗒"的声响。这个拟声词只用简单几字就能唤起人们对美味菜肴的欲望。

PAKU PAKU 香菜酱油

创造氛围感

"氛围"这个词在中国也很流行，是一种审美的趋势。而在日本设计界，指的是产品通过设计，给消费者带来"身临其境"的感觉。知名设计公司 nendo（佐藤大开创的设计工作室）在 2020 年为罗森便利店（Lawson）旗下近 700 种自有品牌商品重新设计标识和外包装。在设计时设计师不仅考虑到不同商品之间的视觉统一，还力图在商品与货架、店内环境以及消费者的关系上达到和谐一致，将商品置身于它的消费场景中。

罗森便利店品牌系列化包装

"图片并非仅供参考"

长期以来，"图片仅供参考"这句提示语都会出现在产品的包装图画上，明确告知消费者此乃美化效果，同时达到规避责任的目的。但是顾客对于商品和服务态度的高要求，使这句话越来越不受市场的待见。而日本商家对细节近乎于变态的执着，却成就了日本包装"看到的就是买到的"这一特质，以实现"图片并非仅供参考"。图中的福冈咖喱包装外盒主图，就采用了产品摄影的方式，用真实的照片告诉消费者他们自己做出来的成品也会是这个样子。

福冈咖喱包装

包装是产品与消费者产生关联的媒介，所以设计的创新最终离不开"人"。日本的包装设计普遍专注于了解消费者想要什么，再做相应的设计，于细节之处彰显巧思，谓之"创新之道"。

目 录

色彩

"茜色""樱鼠""杜若""燕脂"……这些有着美丽动听的名字，又充满浓浓风情的颜色，日本人称之为传统色。

传统色是基于由古而今的日本人对色彩的独特感受而形成的颜色。有关它的出处，从上古的神，到武将的盔甲，再到江户时代的多彩，直到昭和的开放色系，一直在记载并不断扩充。从人们常用到生僻的色彩，至少有一千多种。

日本传统色系，最初皆由"红"、"黑"、"白"、"蓝"四色开始衍生，慢慢发展出不同的色系，逐渐形成了现今种类繁多的系谱。

从命名就可以看出，传统的日本色大多取自于大自然，比如植物、动物以及自然现象等等，所以传统的日本配色明度会稍微偏暗，这点我们在许多包装设计作品中也能看出来。本书色彩章节部分中的作品，后面都会附有日本传统色的延展，以便读者更好地借鉴使用。

日本茶"日的茜"

日本茶"日的茜"（日ノ茜）是一种呈红色的绿茶品种，采用日本鹿儿岛德之岛所产的茶叶"Sun rouge"（サンルージュ）。由于这款茶诞生于日本，而且浸泡后会呈现出略微偏紫或棕的红色，就像日本传统色彩里表达红色的"茜色"，于是产品被命名为"日的茜"，意为日本的红色茶。

客户：吾妻化成株式会社
设计公司：CEMENT PRODUCE DESIGN
创意指导：CEMENT PRODUCE DESIGN
艺术指导：志水明
设计师：志水明

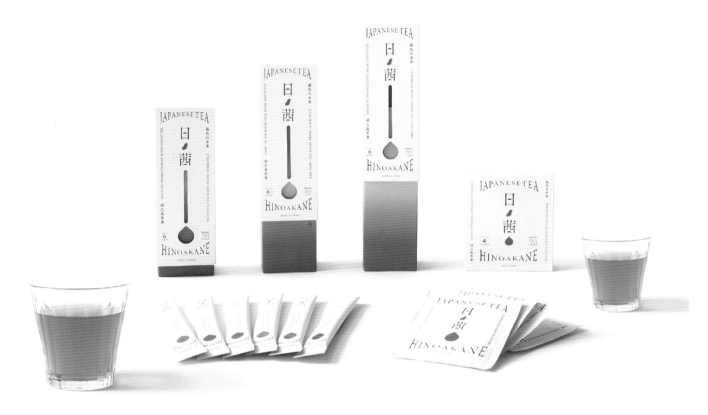

这款包装分为茶袋款和茶粉款两种包装

茶粉款

茶袋款

字体的设计以"日出与日落"的概念进行。

字体基础元素

日语字"ノ"意为"的"，参照了德之岛的地形。

设计概念

从字形、LOGO 到包装的整体视觉都是以"日出与日落"的概念进行设计。茶袋款包装采用简洁的黑白色带，点缀近似日本传统色的"茜色"专色。茶粉款包装则通过开孔设计，拉动能呈现一个从绿色到红色的渐变，体现了这款茶叶的特性：绿色叶芽到红色茶水的变化过程。

包装解决了什么问题？

"日的茜"的茶叶富含花青素，加入柠檬汁、苹果醋、碳酸饮料后，就会产生浓度不一的茜色。这是这款茶叶最大的特点。设计师通过对传统"茜色"的理解，选择了红绿渐变的色彩，实现一种情感上和视觉上都能被感知的视觉表达。并通过不同款式独立包装的设计来体现茶叶本身的风味。

① 茶粉款包装的配色紧紧地抓住"日的茜是一种呈红色的绿茶品种"这一特点展开。所以主色调设计师采用由绿至红的渐变呈现。同时也体现了设计师对传统色"茜色"的理解。

② 设计师在外盒通过镂空做出一个简洁的类似温度计的图形，通过拉动呈现由绿色到红色的渐变，既体现了这款茶叶的特性，也表达了茶叶沐浴在初升太阳下，到化作一滴红色的茶水的过程。

③ 茶袋款的外盒配色采用黑色和日本传统色茜色搭配。

茜色色号
C35 M96 Y90 K2
R174 G42 B45
#ae2a2d

日本传统色延展

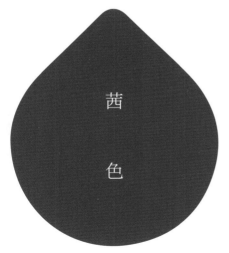

茜
色

C35 M96 Y90 K2

茜色就是茜草之根染成的暗红色。
茜草的日语名字就来自于它的根部，读音为あかね，意思是赤根。它的根干燥后会变红，富含茜素。以其根煮水后进行染色，就称为茜染。茜染是日本一种古老的草木染。所染出的颜色就像晴天黄昏的天空，带着一点暗的红色。所以日本人称那时的天空为"茜色の夕焼け"，意思是茜色晚霞。

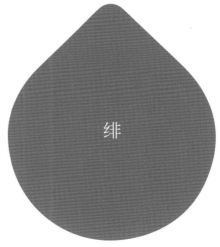

绯

C17 M79 Y74 K0

同色系中的绯色，也是以茜草为主要材料，以灰汁为染媒进行染色的。这种颜色是略含黄色的艳红色。也是从平安时代就开始使用的色名。日语中，绯色原本读作"绯（あけ）"，意思是太阳或者火焰的颜色。自推古天皇以来，这种颜色是仅次于紫色的高级色，在奈良时代所规定的服饰尊卑制度中，绯色位于十九色中的第五等颜色。

护肤品"草花木果"

"草花木果"（Sokamocka）是日本的一个护肤和化妆品品牌，以"享受大自然的力量"为本，主打"健康"和"美肌"，产品均采用纯天然成分如植物和温泉水。该作品包含 Skincare Line- 护肤系列和 Oil & Mist - 精油保湿系列两个系列产品的包装设计，以及外部整体包装设计。

客户：KINARI
设计公司：HIDAMARI Ltd.
艺术指导：关本明子
设计师：关本明子

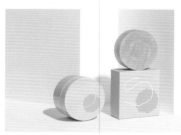

品牌主色

C20 M0 Y6 K14

Sokamocka 系列主配色

C20 M0 Y6 K14

C0 M15 Y73 K0

熟龄护理配色

C0 M37 Y15 K0

C48 M7 Y11 K0

卸妆膏配色

C0 M0 Y4 K14

C48 M7 Y11 K0

成人粉刺肌肤配色

C0 M6 Y15 K17

C62 M0 Y41 K0

卸妆油配色

C0 M0 Y4 K14

C0 M37 Y15 K0

温感卸妆乳液配色

C0 M26 Y22 K0

C62 M0 Y41 K0

① Skincare Line- 护肤系列，包含化妆水、洗脸皂、面霜、乳液等。全系列产品根据不同的功能差异采用不同的色彩表达。

设计概念

基于"享受大自然的力量"的品牌理念，设计师关本明子以植物图案和鲜活明快的色调传达"天然成分"这一主要卖点，把包装设计成像在恶劣的自然环境中也能美丽生长的"植物"。

包装解决了什么问题？

考虑到该品牌的产品是日常护肤类产品，会出现在顾客平日的生活里，因此包装上没有加入广告元素，让产品能更好地融入人们的日常生活，且更具美感。

草花
木果

育てるべきは、肌の幹。

橄榄保湿美容油

Oil & Mist 系列 - 柚子美容油

柚子美容油配色

C88 M28 Y95 K32	C0 M10 Y100 K0

橄榄保湿美容油配色

C50 M12 Y100 K0	C80 M28 Y95 K32

② 这个系列的外包装采用相同主题的图案，但是为了更充分地表达有机植物的外观，设计师选择水彩代替黑白线描。

③ 采用柚子和橄榄来做包装的主要色调，而黄和绿是邻近色，能直观地表达植物的特性，也能带给消费者眼前一亮的视觉效果。

日本传统色延展

瓶
窥

C42 M0 Y11 K0

黄
蘗

C3 M0 Y70 K0

"瓶窥"是一种很浅的蓝色，意思是将布料放进装有染料的蓝瓶中，只浸染一次就拿出来，染出稍微能看出来的淡蓝色。这个色名是在江户时代出现的。还有一种说法是它看起来像是蓝天倒映在瓶子里的水中所呈现的颜色。

黄蘗是用黄柏的树皮煎煮而成的亮黄色，是自奈良时期已经存在的古老颜色。长期以来一直被作为染料使用。用它染色的纸成为黄蘗纸，但黄蘗很少单独染在布上，常用作绿色和红色染料的底染。

木 草
果 花

④ 品牌图案是简单的手绘线描图，以花、树叶等自然元素为主，用来装饰产品的外包装。

收纳袋

文件夹

包装纸

手携包装袋

收纳盒

产品盒

大米和糙米冰淇淋

日本德岛县利用大米冰淇淋的稀缺性和独特性，研发了一款以大米和糙米为原材料的冰淇淋，以吸引那些注重食品安全和原材料的消费者，并提升当地食材的吸引力。

客户：NAKAGAWA AD
设计公司：AD FAHREN
创意指导：Hiroshi Tamura
艺术指导：大东浩司
设计师：大东浩司

左边是大米冰淇淋的外包装，右边则为糙米冰淇淋外包装

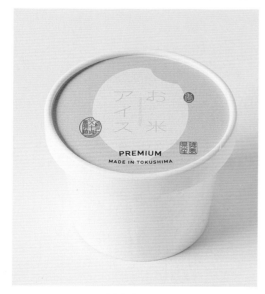

大米杯装冰淇淋

糙米杯装冰淇淋

① 结合了米粒的圆弧形，加上代表融化冰淇淋的尖角，让 LOGO 更加贴合品牌调性。

设计概念

"小米袋"是该包装设计的重点。主视觉由"米粒"和冰淇淋的图形组成，加上具有商品属性的盖章，使人联想到日本传统大米的形象。同时，设计充满趣味，造型轻便，方便顾客拿在手上。

包装解决了什么问题？

用大米制作的冰淇淋在市面很罕见，因此设计团队需要创作一个方便顾客理解的包装，直观呈现出产品的属性。这一包装的设计不仅视觉上与顾客产生了交流，也为品牌提升了客流量和销量。

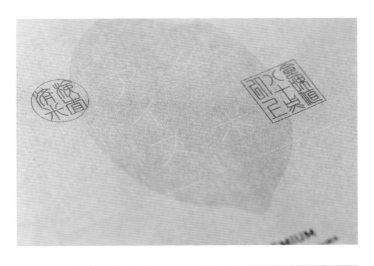

C16 M24 Y24 K0

C10 M32 Y45 K0

② 外包装采用牛皮纸为主要材料。以大米和糙米的谷物颜色为基调，选用朴素又简约的米色系为品牌色，两种包装色彩颠倒，凸显产品的独特。

③ 红色小印章的点缀，既富含了品牌的传统调性，放置在边缘也起到了破边作用。

④ 杯装冰淇淋的颜色用品牌色相互颠倒的方法来设计，相互对比又统一，在做系列包装时这种方式是非常方便突出效果的。

日本传统色延展

櫻鼠

C11 M18 Y13 K0

"櫻鼠"指的是带有薄灰的淡红色，微微浑浊的樱花色，略显暗淡。从江户时代初期就已经出现名字中带"鼠"的颜色，但"櫻鼠"是从元禄时代才开始有的。在诗集《古今和歌集》中描写了虽然樱花满开，但由于亡者的逝去，让景色蒙上了一层哀伤薄墨的情景。

薄柿

C0 M34 Y52 K0

在古代日本，"柿子色"是一大流行色，它不单是指柿子果实的鲜艳颜色，也指用柿子油染成的茶色系颜色。比如薄柿，就是用柿子油染的浅柿色。在江户时代中后期，薄柿色的帷子和足袋十分流行。

三轮胜高田牌挂面包装

早在遣唐使被派往中国学习和交流文化时，素面就从中国传入了日本，并受到了日本人的喜爱，变成了日本老百姓的主要面食之一。三轮胜高田牌一直致力于素面的生产和销售，以创新的技术和高质量的工艺，不断为素面带来新的市场价值。这是他们新的素面包装设计。

客户：三轮胜高田商店株式会社
设计公司：graf
创意指导：服部滋树（graf）
艺术指导：向井千晶（graf）
设计师：向井千晶（graf）
摄影师：吉田秀司（GIMMICKS PRODUCTION）

此包装是品牌推出的季节限定礼盒

① 相对于面条内包装的丰富色彩，设计师在产品外包装上做了减法，通过极简的设计、优质的纸张、大面积的留白烘托了产品独特的气质来吸引顾客。
包装内有一盒挂面跟一瓶搭配酱料，给消费者更好的体验。

设计概念

产品名称根据面条的口感来命名。整体设计简约，包装上的小图标代表了面条不同的口感。由于该品牌生产和销售各种各样的面条，为了让产品看起来更统一，设计团队采用相同的版式，但以不同的色彩来区别面条的筋度和成色。

包装解决了什么问题？

设计团队表示，希望通过焕然一新的包装设计，改变以往挂面给人的印象，从而吸引更多年轻的消费者购买该产品。

素面宣传手册，介绍了每款素面的口感和原料

日本传统色延展

洒落柿

C0 M36 Y53 K0

"洒落柿"在日本古时又称"漂白的柿子"，是指经过洗涤、露出、变淡的柿子颜色。它比"洗柿"浅，比"薄柿"更深，是一种柔和的柿色。

绀青

C100 M85 Y15 K0

带有紫色调的深蓝色。飞鸟时代从中国传入，奈良时代用于佛像和绘画的着色。后来因成为葛饰北斋的"富士山三十六景"中所使用的颜色而闻名。

梅紫

C45 M80 Y37 K0

梅紫是一种带有暗红色的紫色。由于江户时代的染色书籍中没有发现这个颜色名称，因此它可能是江户时代后期到明治时代一种比较新的颜色。

鹬茶

C45 M33 Y76 K0

鹬茶是一种带暗绿的黄色，在江户时代中期作为衣袖的颜色流行起来。鹬是指雀科金翅雀属中某些鸟类的别称。

花叶

C0 M25 Y72 K0

花叶色是略带红色的深黄色，它是一种"织色"。在织布时两种交叠的线使用了不同颜色，便会交织出一种新的颜色，也就是织色。花叶色是织色的一种，在平安时代，人们会在三四月间穿着花叶色的衣服。

梅鼠

C48 M59 Y49 K0

像红梅花一样的鼠红色，"百鼠色"之一。江户时代幕府规定将染色范围限制在茶色系、鼠色系和绀色系。于是出现了所谓的"四十八茶一百鼠"，都是当时的流行衣着色系。梅鼠就是其中之一，还有"樱鼠"、"柳鼠"等等。

铁

C90 M63 Y66 K30

铁色是一种由带暗红的绿色与蓝色相结合而成的颜色，是江户时代以后出现的颜色。介于铁和深蓝之间，还有一种颜色叫"藏青铁"，不过颜色要亮一点。

灰

C0 M0 Y0 K70

灰色是介于白色和黑色之间的颜色。它具有在物体被燃烧时出现的类似灰烬的颜色。

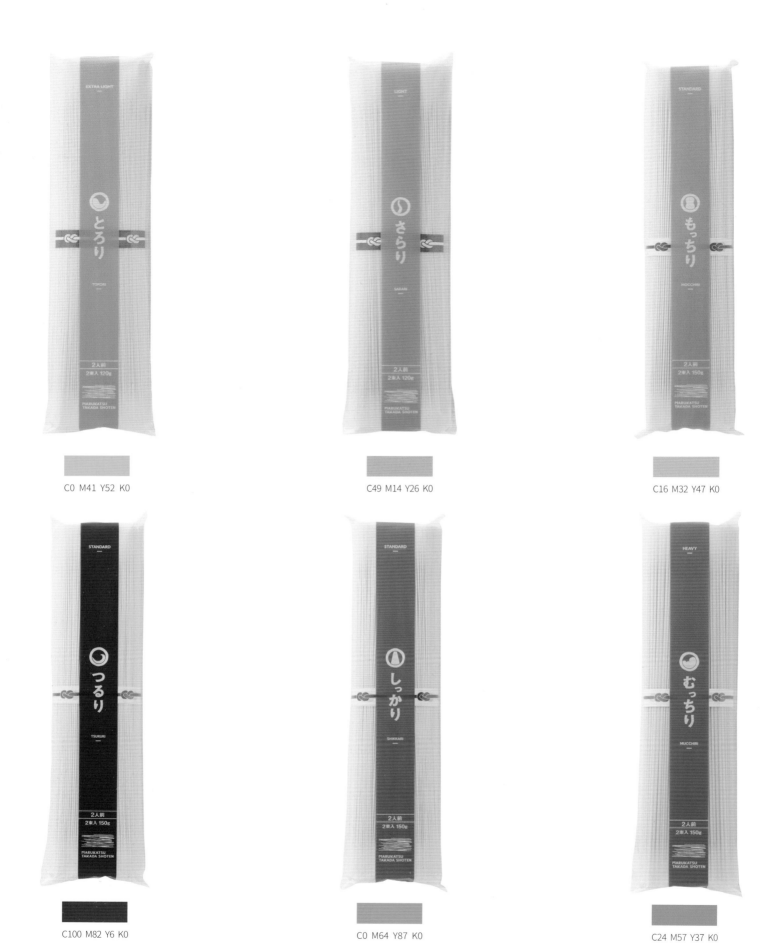

C0 M41 Y52 K0

C49 M14 Y26 K0

C16 M32 Y47 K0

C100 M82 Y6 K0

C0 M64 Y87 K0

C24 M57 Y37 K0

② 用颜色来区分面条的口感和味道，视觉上更容易区分。也因为是季节限定包装，加入色彩的视觉效果，让包装从传统素面的朴素印象中跳脱出来，颜色的选择也比较鲜明活泼，引人注目。

C0 M19 Y100 K22

C36 M23 Y68 K0

C0 M51 Y23 K0

C2 M13 Y70 K7

C90 M63 Y78 K24

C38 M36 Y42 K0

都松庵羊羹

羊羹是一种由红豆、糖和琼脂（有的还会加入栗子或红薯）制成的日式传统点心，通常以块状出售，切片食用。拥有超过 70 年历史的都松庵（TOSHOAN），是一家位于日本京都，专门生产和销售羊羹的商店。这是他们"一口食"羊羹的新包装设计。

客户：都松庵
设计公司：SANOWATARU DESIGN OFFICE INC.
创意指导：Wataru Sano
艺术指导：Wataru Sano
设计师：Marin Osamura

此包装是羊羹的单个包装，包含抹茶、红豆、栗子、柚子、红糖口味等

外包装

① 该包装的设计以"一口食"的理念出发，采用外盒装单品小盒的方式，便于顾客携带外出，随时补充糖分。

设计概念

包装色彩柔和，采用与成分和味道相关的插图和颜色，如抹茶、红豆、栗子、红糖等，让人一看就能辨别出是什么口味的羊羹，也便于顾客的挑选。

包装解决了什么问题？

许多年轻一辈的日本人都不爱吃羊羹这类传统点心，认为它又老派、又无趣。新包装不仅吸引了更多年轻人购买羊羹，同时也受到老客户的欢迎，帮助增加品牌的粉丝数量。

② 包装纸以代表六种口味的羊羹图案重复排列在上面，图案之间降低透明度增加对比，形成视觉层次感。

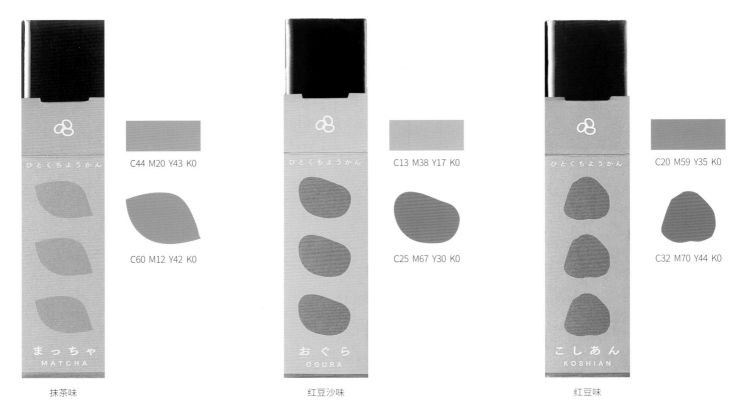

C44 M20 Y43 K0

C60 M12 Y42 K0

まっちゃ
MATCHA

抹茶味

C13 M38 Y17 K0

C25 M67 Y30 K0

おぐら
OGURA

红豆沙味

C20 M59 Y35 K0

C32 M70 Y44 K0

こしあん
KOSHIAN

红豆味

③ 以偏朴素的颜色和羊羹不同口味原材料的颜色结合，使得包装在保持传统中又让视觉表现更加鲜明。

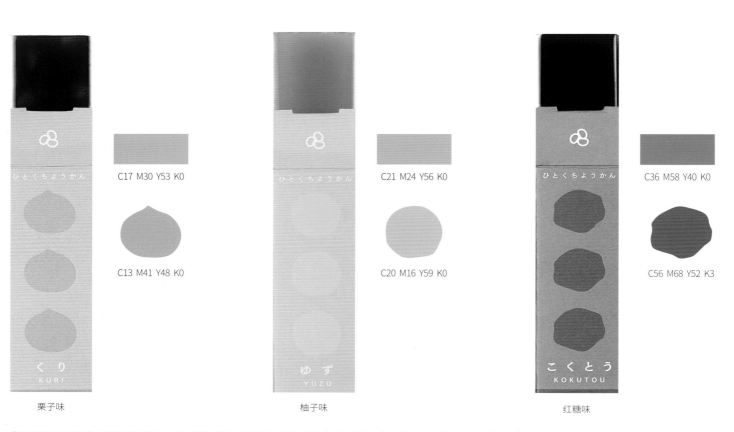

C17 M30 Y53 K0

C13 M41 Y48 K0

くり
KURI

栗子味

C21 M24 Y56 K0

C20 M16 Y59 K0

ゆず
YUZU

柚子味

C36 M58 Y40 K0

C56 M68 Y52 K3

こくとう
KOKUTOU

红糖味

④ 图案以原材料为原型创作提取，再以重复的形式排列，让包装整体具有节奏感、秩序美，能产生和谐统一的视觉效果。

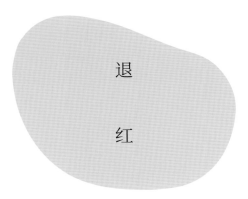

C0 M31 Y9 K0

一种非常淡的紫红色，颜色名称的意思是"褪色的红"。大约在 9 世纪，它是"洗涤和染色"的缩写。在《源氏物语》的记载中，在给大红花染色之后，后面陪衬的染得较轻的红花，所用的颜色就是"退红"。

C0 M20 Y40 K10

赤白橡是一种呈红白的棕色，据《源氏物语》记载，颜色名称来自日本七叶树。在古代，它是荣誉退休人士所佩戴的一种高贵色彩，也有些时期被列为禁止使用的颜色。

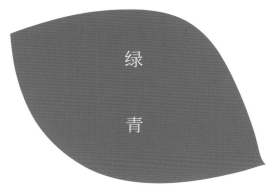

C83 M23 Y63 K0

绿青色是一种由孔雀石粉碎研制成的略显暗淡的蓝绿色颜料。它是一种典型的绿色传统色，在飞鸟时代随着佛教的传入从中国引进，长期以来一直用于寺庙建筑和佛像上色，起到着色和防腐的作用。它同时也是日本画中表现绿色所不可缺少的颜色。

C2 M70 Y38 K30

莓，"莓"的古称，也就是草莓色，一种略带紫红色的红，就像颜色鲜艳的草莓果实。江户时代末期，日本从荷兰引进了草莓。

C16 M9 Y82 K0

一种明亮的绿黄色，来自于秋季盛开的女郎花朵。女郎花 (Jorohana) 是一种秋季草药植物，自《万叶集》以来，在日本许多传统歌曲的歌词中出现。

C75 M84 Y62 K42

似紫是一种暗淡的红紫色。由于染紫色所需的原料"紫根"价格昂贵，所以用靛蓝代替紫根染色。这些颜色被称为"相似紫色"，因为它们与紫色相似，却又不是"真正的紫色"。

京都甘纳豆

甘纳豆是一种日本传统糖果，用豆子经过糖浆煨煮并干燥后覆盖精制糖而制成。口感柔软，清甜怡口。

客户：SEIKO TRADING CO., LTD.
设计公司：YOSUKE INUI 设计事务所
创意指导：Yosuke Inui
艺术指导：Yosuke Inui
设计师：Yosuke Inui
插画：Masaki Higuchi

从左到右依次是黑豆味、栗子味、毛豆味、黑豆加栗子味

① 产品信息放置在四边形框架里，版式统一。中间第一视觉是产品原材料名，上方的品牌名做了拱形的设计不至于太局限；再是店铺信息和广告语，以下方的小插图来修饰版面，既清晰又突出。

② 为该包装而创作的手绘植物插图以对角斜线重复分布在外包装上，既统一又协调，切合品牌日式传统风格。

设计概念

包装上的植物插画分别代表各种制作甘纳豆的原料，比如豆子、坚果等，以细线进行描绘，生动形象。它们作为重复图案元素，配以不同的渐变色彩来表达"天然"这一概念。整体设计清新优雅，产品的名称和信息被放置在框架里，沿袭了日式传统设计风格，出来的效果就像一本来自300年前古老的日本食谱。

包装解决了什么问题？

甘纳豆在过去很受欢迎，然而它们的外形朴实无华，渐渐被时代遗忘。所以该项目最主要的目的就是找到最佳的包装形式，吸引更多人再次发现这种传统糖果的美好。因此包装设计得既传统，又优雅，同时也传递出天然成分的优点。

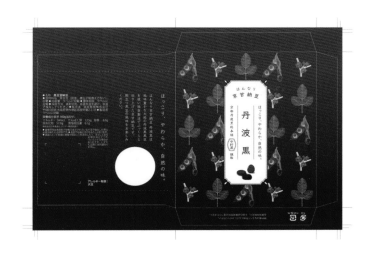

黑豆口味包装平面结构图和实拍图

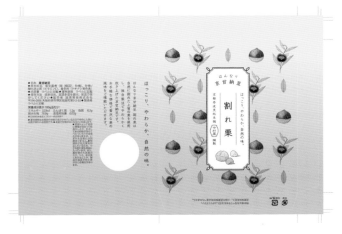

栗子口味包装平面结构图和实拍图

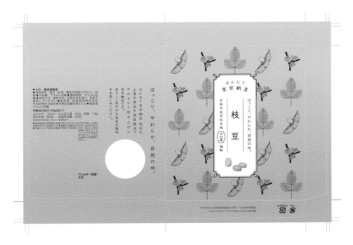

毛豆口味包装平面结构图和实拍图

黑豆 + 栗子口味包装平面结构图和
实拍图

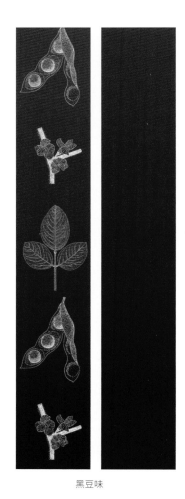

C69 M92 Y44 K7

C72 M96 Y64 K47

黑豆味

C5 M3 Y51 K0

C6 M31 Y91 K0

栗子味

③ 以甘纳豆的原材料作为品牌的主要色调，鲜明亮眼的色调在视觉上非常突出，吸引消费者。

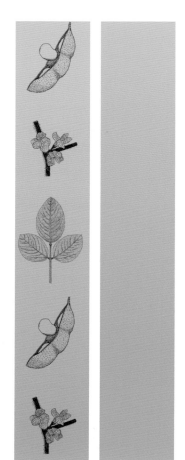

C24 M4 Y65 K0

C47 M5 Y65 K0

毛豆味

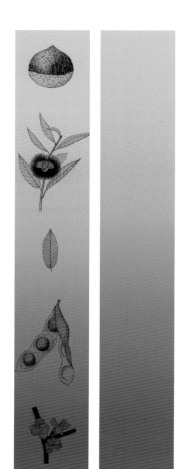

C6 M22 Y89 K0

C6 M51 Y74 K0

C61 M68 Y33 K0

黑豆＋栗子味

C77 M92 Y48 K21

据说杜若的名字来源于被划伤的鸢尾花，因为它是通过采摘盛开的美丽花瓣并在布上摩擦来染色的。

C7 M15 Y74 K0

一种略带鲜绿色的黄色，据说它是最古老的黄色之一。刈安是一种自然生长在山里的芒属植物。在古代，由于十分容易切割和获得，所以经常使用它作为染料。由于这种黄色不怎么含有红色，所以在染绿色时经常使用它，可以与靛蓝混合，获得漂亮的绿色。

C56 M24 Y65 K0

柳染是一种黄绿色，带有淡淡的灰，就像柳叶的颜色，又称"柳色"。柳树是柳科落叶乔木，在奈良时代与李子一起传入日本，在日本是一种常见的林木。

C7 M49 Y80 K0

朽叶色是古老的色名，在平安时代非常流行，是代表王朝风的优雅传统色名。那时的人们通常在秋天穿着朽叶色的服饰。

日本酒

新泻县老字号酿酒厂峰乃白梅酒造（Minenohakubai Shuzo）成立于 1636 年，
这是新推出的清酒系列"King of Modern Light"的包装设计。

* 获得 TOP 包装设计奖

客户：峰乃白梅酒造
企划：Noriaki Onoe（电通）/ Kentaro Sagara
艺术指导：相乐贤太郎
设计师：Kango Shimizu
文案：Noriaki Onoe（电通）
摄影：Norihiko Okimura

外包装

① 灵活使用相近色能让整体看上去更协调统一，而最后一个酒瓶标签则
使用互补色，同时降低明度，更加突出。消费者似乎能从标签中看到新泻
的晨光风景。

设计概念

设计灵感来自于酿酒师 Toji 过去从事 DJ 工作的经历，他希望人们可以像
挑选唱片封面一样挑选清酒，因此设计团队将新泻当地的风景照片和插画
作为酒标，搭配如光线般轻盈的酒瓶颜色，令酒瓶看起来仿佛漫步于晨间
朝雾之中。

包装解决了什么问题？

酒瓶颜色以系列名"现代之光"为出发点，结合晨间风景的蓝绿色，独特
又符合品牌特色，加上瓶身的磨砂质感，更能吸引到顾客消费。

C11 M89 Y33 K0

C11 M73 Y89 K0

C10 M3 Y85 K0

C23 M2 Y13 K0

C74 M17 Y42 K0

C28 M96 Y85 K0

C8 M54 Y26 K0

C6 M22 Y80 K0

C2 M8 Y22 K0

C17 M2 Y6 K0

C35 M4 Y15 K0

C5 M41 Y47 K0

C55 M6 Y20 K0

互补色

色彩

日本传统色延展

洋红

C0 M100 Y65 K10

一种深沉而生动的洋红色，江户时代后期
从西方传入，也叫胭脂红。提取自一种墨
西哥仙人掌上的雌性寄生虫，至今仍广泛
用于油漆、化妆品、食用色素等。

水浅葱

C68 M10 Y33 K0

浅葱就是淡淡的葱色，即微微泛绿的蓝色。而
水浅葱是要比浅葱更淡一些的浅蓝色，在蓝
染中仅比"瓶窥"重一些。这里的"水"不是
指水的颜色，而是表示"用水稀释"的意思。

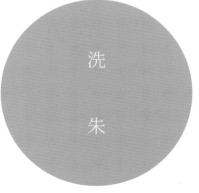

洗朱

C0 M54 Y56 K0

一种浅朱红色，接近黄朱红色和暗黄红色。
主要用于朱漆器和织物染色。

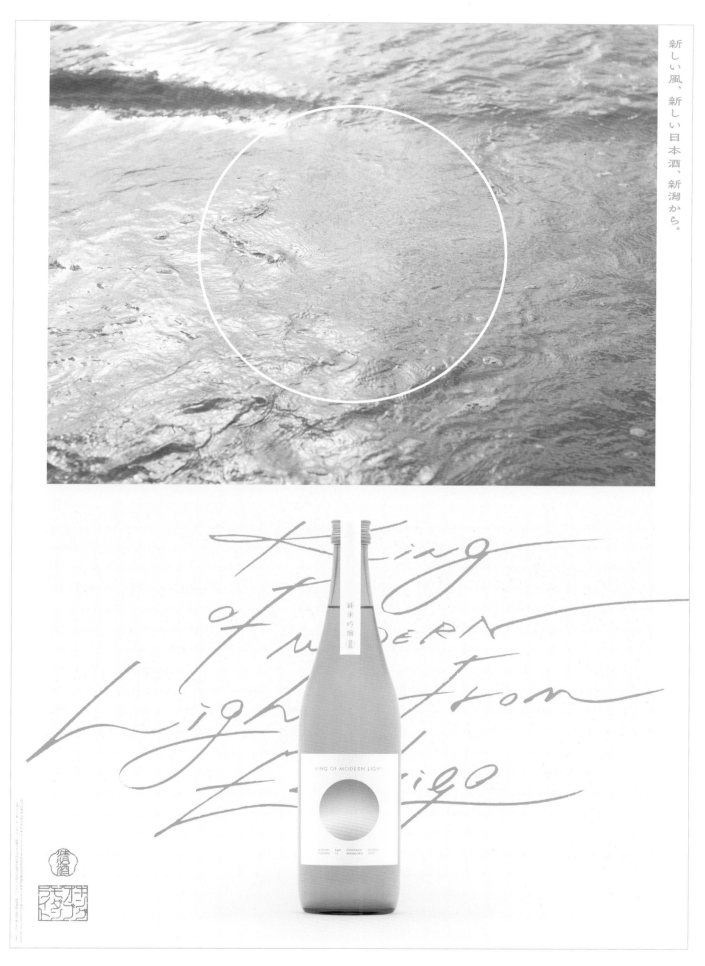

新しい風、新しい日本酒、新潟から。

② 海报与瓶身的设计理念类似，选择了蓝、白作为主色调，保持了调性的统一，营造出一种纯洁、空灵的视觉感。

PAKU PAKU 香菜酱油

楠城屋（Nanjoya）始创于1897年的日本鸟取市，一百多年以来，一直生产和销售酱油、味噌和香醋。他们大量采摘来自冈山和鸟取市的新鲜香菜，制作了一款具有香菜特色风味的酱油，取名为"PAKU PAKU 香菜酱油"。在日语里，拟音词"paku paku"（パクパク）是指吃饭时候的"吧嗒吧嗒"声，酱油被赋予了洒上几滴便能开怀大吃的祝愿。

客户：Nanjoya Shoten Co.,Ltd.
设计公司：MOTOMOTO Inc.
艺术指导：松本健一
设计师：Chihiro Sato
摄影：Akitada Hamasaki

C82 M25 Y90 K0　　C5 M0 Y100 K0　　C53 M100 Y13 K0

① 在绿色的基础上，加上作为对比色的黄色和紫色，形成强烈鲜艳的视觉感受；绿色与黄色是邻近色，保证了画面的和谐。设计师利用三个颜色，构建出强烈的对比，在货架上能快速吸引到消费者的关注。

设计概念

这是加了香菜的酱油，因此设计师把它打造成具有亚洲特色的商品，希望从包装上人们就能感受到亚洲市场的活力。

包装解决了什么问题？

不同于该品牌的其他基础酱油系列，标签的配色以高对比度的黄、绿、紫构成，从而更多地吸引年轻的目标群体。

② 字体的色彩选用了对比色，成为除底色外构成画面主色调的重要元素。中间的 LOGO 字体采用了黄色，并通过紫色的投影增加了立体感。字体设计局部圆润化，将原有的偏旁替换成了空心的圆，增加了趣味性的同时，镂空圆形透出绿色底色，也让字体与背景保持了一定的联系，不显得割裂。

日本传统色延展

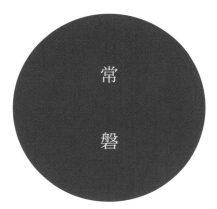

C82 M0 Y78 K40

常磐是一种带有茶色的深绿，类似于松树叶子的颜色。"常磐"意味着"始终不会改变"，它就像"千岁绿"一样，是一个赞美绿色并象征长寿和繁荣的颜色名称。在江户时代它作为吉祥色而流行。

C7 M13 Y83 K0

柠檬色是浅黄色，略带绿色，名称源自水果柠檬。19 世纪诞生于欧洲的油漆色"柠檬黄"，在日本广为人知，被称为"柠檬色"。

C81 M87 Y40 K7

由多年生的植物紫根（Shikon）的根染成的颜色。

Tomari 酱菜

自昭和四十九年（1974 年）创业以来，酱菜制造商 Tomari 一直在追求腌制
食品的卓越品质和口感。

客户：泊综合食品株式会社
设计公司：MOTOMOTO Inc.
艺术指导：松本健一
设计师：Chihiro Sato
摄影：Akitada Hamasaki

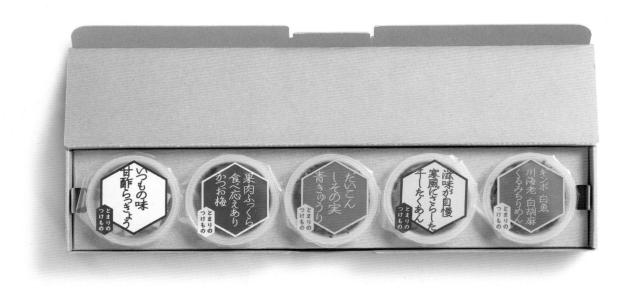

组合式外包装

① 外包装盒是飞机盒结构，采用单坑瓦楞纸，背面印单色黑。既环保又
节省了成本。

设计概念

内包装采用了传统的文字排版样式。透明可视的容器，使消费者可以轻松、
直观地识别出酱菜的种类和形态，同时搭配不同的配色方案，更有助于吸
引各年龄层的消费者购买。

包装解决了什么问题？

容器是一人食的分量，适合独居的年轻人。外包装为多种酱菜组合式包装
盒，消费者可自由选择酱菜的种类，非常适合作为礼盒来销售。

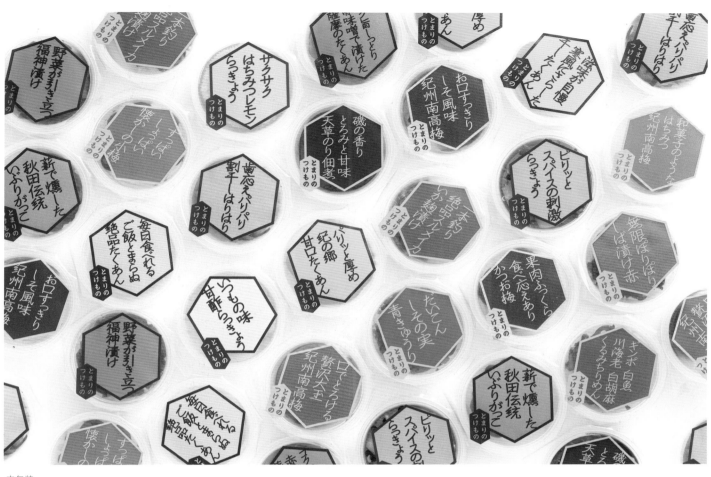

内包装

② 内包装标签采用双色设计，就是一个主色带 5 个其他颜色，文本采用传统的竖排样式，文字颜色与外边框一样，版式统一。

传单

品牌 LOGO

C89 M63 Y100 K48

いつもの味
甘酢らっきょう

とまりのつけもの

C1 M14 Y27 K0

サクサク
はちみつレモン
らっきょう

とまりのつけもの

C4 M22 Y84 K0

ピリッと
スパイスの刺激
らっきょう

とまりのつけもの

C20 M35 Y70 K0

歯応え。パリパリ
割干しはりはり

とまりのつけもの

C13 M46 Y57 K0

野菜が引き立つ
福神漬け

とまりのつけもの

C2 M85 Y77 K0

C75 M100 Y46 K10

毎日食べれる
ご飯ととまらぬ
絶品たくあん

とまりのつけもの

C4 M16 Y56 K0

滋味が自慢
寒風にさらした
干したくあん

とまりのつけもの

C4 M27 Y89 K0

パリッと厚め
紀の郷
甘口たくあん

とまりのつけもの

C0 M52 Y91 K0

コクと同じしっとり
赤味噌で漬けた
薩摩のたくあん

とまりのつけもの

C17 M73 Y100 K0

薪で燻した
秋田伝統
いぶりがっこ

とまりのつけもの

C40 M54 Y81 K0

C0 M52 Y35 K0

お口すっきり
しそ風味
紀州南高梅

とまりのつけもの

C51 M100 Y81 K29

すっぱい
しょっぱい
懐かしの小梅

とまりのつけもの

C9 M88 Y85 K0

和菓子のような
はちみつ
紀州南高梅

とまりのつけもの

C27 M75 Y100 K0

口でとろける
贅沢大玉
紀州南高梅

とまりのつけもの

C22 M99 Y82 K0

果肉ふっくら
食べ応えあり
かつお梅

とまりのつけもの

C49 M85 Y81 K17

C22 M6 Y91 K0

だいこん
しその実
青きゅうり

とまりのつけもの

C88 M47 Y88 K9

無限。ぱりぱり
しば漬け赤

とまりのつけもの

C42 M78 Y47 K0

一本釣り
絶品スルメイカ
いか麹漬け

とまりのつけもの

C46 M74 Y82 K8

ギンポ 白魚
川海老 白胡麻
くるみちりめん

とまりのつけもの

C57 M67 Y75 K16

磯の香り
とろみと甘味
天草のり佃煮

とまりのつけもの

C91 M73 Y74 K52

日本传统色延展

C14 M20 Y39 K0

像鸡蛋一样的微红黄色。来自镰仓时代的颜色，颜色名称指的不是鸡蛋黄，而是薄薄的蛋壳的颜色。

C26 M70 Y78 K0

桦色是一种红橙色，是一种让人联想到桦树树皮或水生植物外皮的颜色。

C5 M52 Y70 K14

赤朽叶是一种带红色的落叶叶色，略带褐色。它是平安时代以来就存在的颜色名，是代表深秋的颜色。

C20 M56 Y89 K0

金茶是一种带有金黄色调的浅棕色。它在元禄时代已经作为染料使用，广泛用于和服、配饰、包袱裹布等等，也是一种与日常衣服很搭配的颜色。

C0 M25 Y86 K0

藤黄是一种鲜明的黄色。它以一种能采集到这种色素的植物命名。这种颜色历史悠久，在奈良时代的文献中就出现过。在江户时代，它被广泛用作禅染色，是不可缺少的染料。而在明治时代，它又被广泛用作绘画的颜料。

C51 M93 Y58 K10

苏芳是带紫色的红，取自这种成为染料的植物的名称。在江户时代，它常代替红色和紫色用于染色，因此也被称为"假红色"或"类紫色"。

C83 M55 Y69 K22

千岁绿是一种深绿色，就像松树叶的绿色一样。四季更替时常绿的松树叶是长寿的象征，所以千岁绿是一个吉祥的颜色名，表示即使经过1000年也不会改变的含义。

C62 M63 Y73 K21

煤竹色是一种深褐色，类似于被炉膛和炉灶里的烟雾熏制的竹子颜色。它出现在室町时代前后，早于江户时代中期之后出现的若竹和青竹，在江户时代被用作最流行的颜色之一。

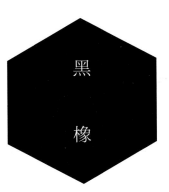

C92 M78 Y64 K48

黑橡是一种蓝黑色，通过用铁媒染剂将橡木的坚果压碎和煎煮而成。

日本甘纳豆限定套餐

这是与佐贺县武雄市一家创业 80 年的甘纳豆厂家共同制作的武雄市特产项目，旨在将日本传统糖果"甘纳豆"打造成属于武雄市当地的手信礼品。

客户：光武制果株式会社
设计公司：湖设计室
艺术指导：滨田佳世
设计师：滨田佳世
文案：福永梓
摄影：藤本幸一郎

甘纳豆组合装，包含抹茶味、黑豆味、地瓜味

① 外包装通过优雅的色彩搭配、纤细的手写 LOGO 字体展现糖果温和的甜味，以及制造商作为 80 年老店值得信赖的形象。镂空设计能让顾客快速识别糖果的口味，同时提升包装的设计美感。

设计概念

以"新时代甘纳豆，男女老少都喜欢"为理念，从产品开发到包装都需要符合当今时代的趋势，体现出甘纳豆新的可能性、厂商的技术力量及其信赖感。设计团队将每一颗甘纳豆比作"小小的日式点心"。

包装解决了什么问题？

甘纳豆的客户群体多为老年人，为了吸引更广的客户群，不得不设计出新的包装形象。新的包装设计也让甘纳豆成为了武雄市的人气伴手礼。

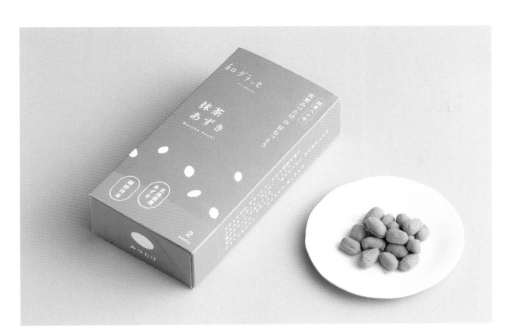

抹茶红豆味

C25 M60 Y30 K0   C40 M30 Y100 K0

黑豆味

C73 M70 Y55 K12   C35 M88 Y60 K0

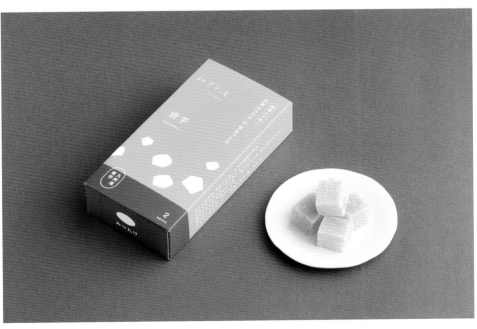

地瓜味

C6 M30 Y85 K0   C64 M71 Y1 K0

② 该产品是以单件加组合的形式（一组三件）出售的，因此配色上需要确保产品无论是单独展示还是随机组合起来都能很好地搭配到一起，内包装的配色采用了日本的传统色彩，充满和风，使人联想到日式的传统糖果。

佐賀みつたけの甘なっとう
創業八十年

つやつやでふっくらと炊き上げられた甘味界の人気者です。創業八十年、ひたすらまじめに甘なっとうに向き合ってきた私たちが提案するこれからの甘なっとう。どこか懐かしい思い出と温度が感じられるもの。きちんと手をかけておいしく、地元への想いを宿してつくる、小さな小さな和菓子ができました。

和グラッセ
wa glacés

●
みつたけ

光武製菓株式会社
佐賀県武雄市北方町大崎556-5

和グラッセ 取扱上のご注意

●当製品は本分のお小さい干生菓子です。品質保持剤は商品のおいしさと鮮度を保ち、変質を防止します。開封後は効果がなくなりますので、お早めにお召し上がりください。開封後すぐにお召し上がりにならない場合は、冷蔵庫に保管してください。

●品質保持剤は無害ですが、食品ではありません。お子様が誤って口の中に入れないようにご注意ください。また、開封後は品質保持剤が熱くなることがありますので、ご注意ください。

●当製品は製造後、時間が経過しますと、表面に砂糖が浮き上がる場合がございますが、品質に問題はございません。

●芋の収穫時期によりましては、製品の食感、色目に相違が生じる場合がございます。

●商品につきまして、お気づきの点がございましたら、お手数ではございますが、下記お客様相談室までご連絡ください。

お客様相談室
0120-417-108
来月〜金 8:00〜17:00（祝日を除く）
www.mitsutake.co.jp

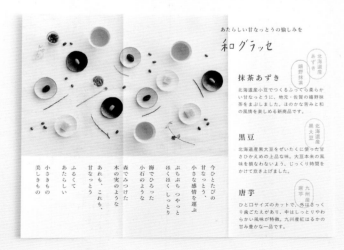

あたらしい甘なっとうの愉しみを
和グラッセ

抹茶あずき
北海道産あずき
嬉野抹茶

北海道産小豆でつくるふっくら柔らかい甘なっとうに、地元・佐賀の嬉野抹茶をまぶしました。ほのかな苦みと和の風情を楽しめる新商品です。

黒豆
北海道産黒大豆

北海道産黒大豆をぜいたくに使った甘さひかえめの上品な味。大豆本来の風味を損なわないよう、じっくり時間をかけて炊き上げました。

唐芋
九州産唐芋

ひとロサイズのカットで、外はさっくり歯ごたえがあり、中はしっとりやわらか風味が特徴。九州産紅はるかの甘み豊かな一品です。

今ひとたびの
甘なっとう、
つやっと
小さな感情を運ぶ

ぷちぷち つやっと
ほくほく しっとり
海でひろった
小石のような

森でみつけた
木の実のような
あれも、これも、
甘なっとう

ふるくて
あたらしい
小さきもの
美しきもの

日本传统色延展

C42 M93 Y68 K6

燕脂是一种深而有光泽的红色，含有黑色调。来源于古代从中国引进的红色化妆品的名称。在中国，往朱砂制成的色素中加入羊脂肪，制成妆红，所以"脂"字过去就是指妆红。

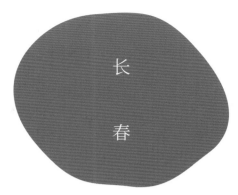

C25 M70 Y53 K0

长春色是一种暗淡的灰红色，原意为永恒的春天，这种颜色在大正时代开始流行，并因其沉稳的颜色而受到女性的欢迎。

C64 M85 Y0 K0

本紫是用紫根染成的亮紫色，紫根染是一种传统的"紫"染法。"本紫"这个名称本来是用来区分"江户紫"和"今紫"等紫色来用的，最终成了一个颜色名称。

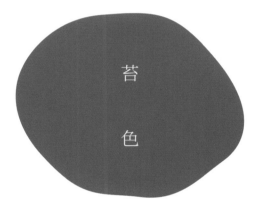

C62 M41 Y83 K2

苔色是一种深涩的黄绿色，就像苔藓，颜色名称便来自苔藓。它是平安时代就存在的历史悠久的颜色，到了现代也很常见。

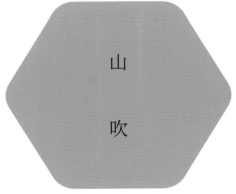

C0 M37 Y87 K10

山吹花是一种开着黄色花朵的植物，山吹的颜色名称即来源于山吹花的鲜艳黄色。自平安时代以来，山吹就被一直使用。

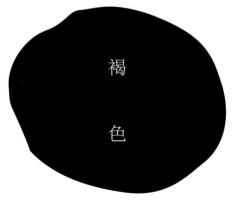

C100 M86 Y60 K45

褐色是一种很深的靛蓝色，比海军蓝还要深，看起来像黑色。

色彩

45

POMGE 苹果酒与糖果

长野县是日本主要的水果产地之一。位于长野县松本市的 POMGE 是一家纪念品商店，主要销售长野县最受欢迎的苹果，以及以苹果为原料制成的苹果酒、苹果糖。

客户：Matsuzawa Co., Ltd.
设计公司：LIGHTS DESIGN
创意指导：Koichi Tamamura（LIGHTS DESIGN）
艺术指导：Satoru Nakaichi（LIGHTS DESIGN）
设计：Satoru Nakaichi（LIGHTS DESIGN）
插画：Saki Souda

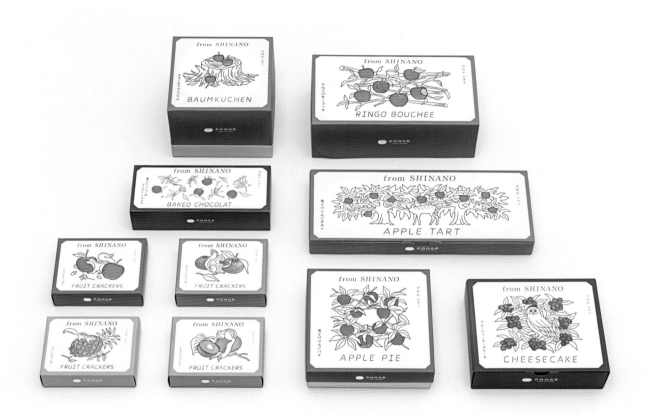

苹果糖外包装

设计概念

品牌名"POMGE"由法语单词"pomme"（苹果）和"germe"（萌芽）组合，因此 LOGO 图标被设计成一个倒过来的、带着信州树木"萌芽"的苹果图形，寓意克服严酷的冬天，在春天冰雪融化时茁壮成长。糖果包装的设计主题是"森林里的丰收"，包装上的每一幅插画都描绘了信州森林里欢快的景象，表达了动植物的活力和每一个水果的新鲜。

品牌 LOGO

苹果派、苹果塔主色

C0 M95 Y100 K0

芝士蛋糕主色

C85 M65 Y0 K0

烤巧克力主色

C30 M49 Y67 K40

水果脆饼主色

| C0 M95 Y100 K0 | C0 M48 Y92 K0 |
| C5 M18 Y90 K0 | C32 M5 Y75 K0 |

① 包装采用三色，一个主色，黑白插画，而灰色作为白色与彩色的一个过渡色，增加层次，加上外围的网格细节，相比于纯色设计更加有设计感。

ブルーベリーチーズケーキ——

フロム シナノ

フロム シノ

IPAex Mincho

MS Gothic by
MICROSOFT

ブルーベリーチーズケーキ

② 糖果包装选用了四种不一样的字体，分别为 Morisawa 造字公司的 A1 Mincho 和 Haruhi Gakuen、IPA 造字公司的 IPAex Mincho、微软哥特体，目的是让设计看起来更生动有趣。

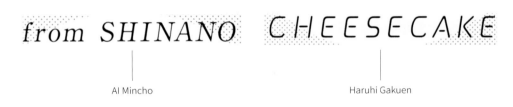

A1 Mincho

Haruhi Gakuen

购物纸袋

购物帆布袋

日本传统色延展

C97 M65 Y0 K0

又名青金石色，是带紫色的鲜艳蓝色。又被视为一种珍贵的矿物，颜色鲜艳明快。主要产于波斯，经中国传入日本。

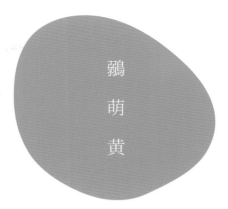

C56 M13 Y77 K0

鹉萌黄是带有黄色调的绿色，从江户时代中期开始被广泛使用。

C2 M11 Y75 K0

油菜花色是一种像油菜花一样明亮的黄色，也叫"菜花籽色"。油菜花是十字花科，在日本被用作榨菜籽油和观赏用途。此外，它是一种经常出现在文学作品中的植物，作为熟悉的春天场景的标志物而广受欢迎。

C55 M66 Y75 K14

像煎茶一样的深棕色。一提到煎茶，你可能会想到绿色，但由于它最初是烤的，所以它其实是棕色的。这种颜色也被称为煎茶染色，因为它真的是用煎茶来染色。

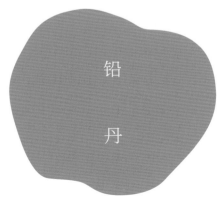

C0 M72 Y63 K7

铅丹是一种亮橙色，又略带红色氧化铅的感觉。又称公明丹、红铅。铅丹被用作神社、寺庙以及建筑物的底漆，因为它具有防锈的功能，并且因为是红色而受到推崇。它也被称为最古老的颜料之一。

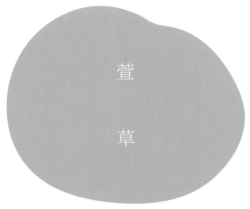

C0 M49 Y72 K0

萱草色是明亮的黄橙色。它来源于萱草的花色，是自古流行的颜色名称。在古代，萱草也被称为"忘忧草"。传说萱草花是一种让人忘记分离悲伤的花朵。

色彩

KIHACHI STYLE 糕点系列

"KIHACHI STYLE" 是为迎合顾客珍惜某人的感觉，满足送礼的场景，由糕点师将其"成分"和"配方"的潜力充分发挥而精心打造的甜品系列。现代的华丽包装，让人联想到"给予"以及"被给予"的幸福。无论是休闲送礼，还是特别的礼物，或者是送给心爱的人，"KIHACHI STYLE"都能满足。2019年，糕点店 KIHACHI 决定整理产品线，缩小"KIHACHI STYLE"的阵容，只留下最畅销的产品。KIHACHI 将这种美味的糖果包装，重新提升一个级别。

客户：SAZABY LEAGUE, Ltd. IVY COMPANY
设计公司：DODO DESIGN
艺术指导：Dodo Minoru
设计：Fujii Chihiro
插画：akira muracco

设计概念

包装上的插画，是受到 Art Déco 艺术运动（如画家 Charles Martin, Thayaht）的启发而创作的艺术画作，曾在插画师 Akira Muracco 的 2019 年个人作品展览中展出过。品牌方认为这些画作非常符合品牌的调性，要求用在"KIHACHI STYLE"项目中。

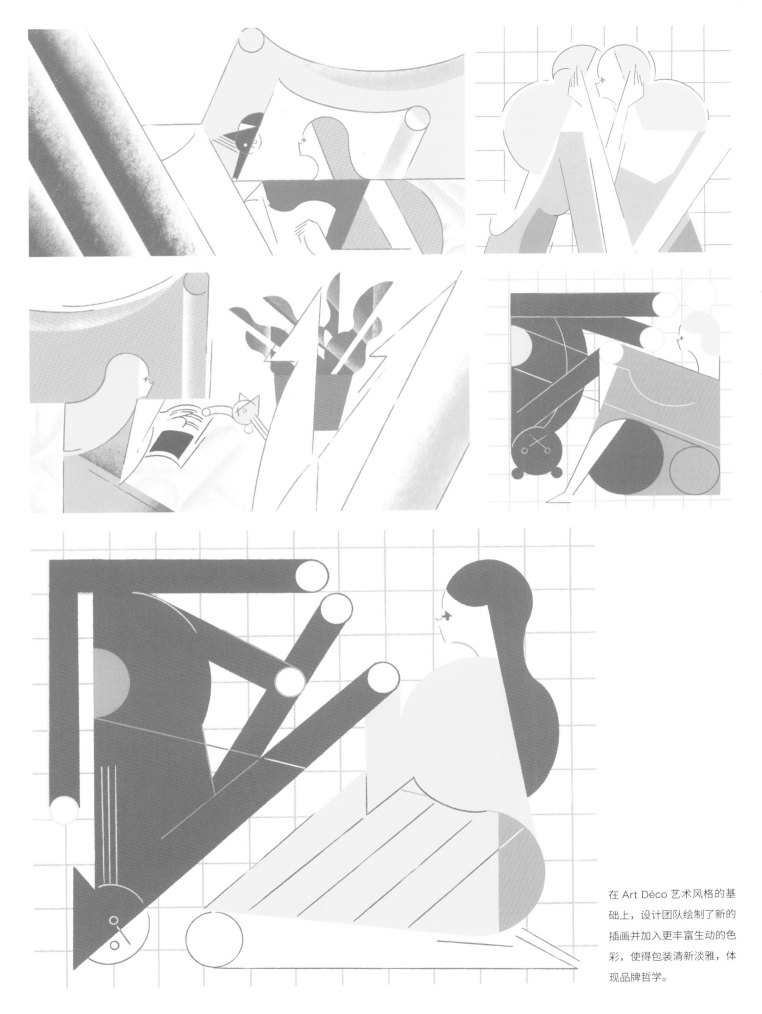

在 Art Déco 艺术风格的基础上，设计团队绘制了新的插画并加入更丰富生动的色彩，使得包装清新淡雅，体现品牌哲学。

品牌配色

C5 M36 Y3 K0

C3 M45 Y25 K0

C2 M30 Y25 K0

C38 M4 Y30 K0

C4 M30 Y34 K20

C3 M16 Y60 K0

C31 M4 Y2 K0

砥
粉

C5 M20 Y38 K15

砥粉是一种带有微红色调的淡黄色，有点接近我们皮肤的颜色。顾名思义，它是一种颜料的名称，来源于用磨石磨刀时产生的粉末。磨粉不仅用于磨刀，还用于木具的修饰和漆器的底漆，在日常生活中很常见。

露
草

C73 M20 Y0 K0

一种明亮的浅蓝色，来自清晨盛开的植物"露草"的花朵。这是蒲公英科的一年生植物，在日本各地的路边和溪流岸边成簇生长。这种颜色是用花叶汁在布上摩擦染成的。

蒸
栗

C16 M15 Y52 K0

蒸栗色是一种淡黄绿色的颜色。一想到栗子，大家往往会想到红褐色的外皮"栗色"，但蒸好的栗子颜色同样漂亮。蒸栗就是煮熟的栗子饭中间出现的美味栗子的颜色。

白
群

C52 M0 Y20 K0

白群是柔和的白蓝色。它的来源蓝铜矿是一种矿物颜料，通过将矿石粉碎成更细的粉末研制而成。

抚
子
色

C2 M43 Y3 K0

抚子色是一种淡红色，带有轻微的紫色调。抚子是石竹科多年生植物，是"秋季七草"之一。

日式煎茶

在 2013 年的时候，KURASU 还只是个销售日本商品的线上选品平台，直到 2016 年，其第一家线下实体店正式在日本京都成立，为顾客提供"一站式"咖啡产品和服务。"KURASU Tea by YUGEN"是 KURASU 旗下的一个茶叶品牌，茶叶是从当地农场手工采摘，并通过手工加工包装再进行销售的。这是其中一款"煎茶"产品的包装设计。

客户：Kurasu Kyoto
设计公司：Studio Miz
创意指导：Miz Tsuji
艺术指导：Miz Tsuji
设计：Miz Tsuji
摄影：Ai Mizobuchi

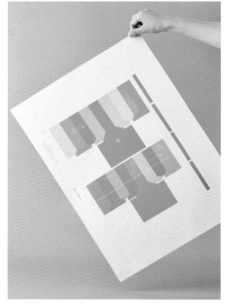

① 这款包装只用了一个颜色，设计师在印刷时通过网点的疏密来形成印刷色彩的深浅度变化，达到丰富的色彩层次，同时也节约了成本。是非常巧妙的设计方法。

② 标签牌的设计通过三个压痕，做成一个 50g 茶叶量的简易茶叶勺子。背面标明了茶叶的特点和冲泡须知。

包装平面图

简易茶叶勺

设计概念

该包装的设计灵感来自于日式传统茶叶罐。茶叶罐通常是由金属材料制成的，但是为了体现手工感，设计师选用了涂布卡纸来制作茶叶的包装，而且没有被加入任何图形或插画元素，只用了一种颜色的不同色调，这样不仅可以降低制作成本，还可以很大程度地传达日式设计的标志性特点——极简主义。

包装解决了什么问题？

以前当地有很多茶叶铺，人们可以在当地买到好茶，但是现在很多都已经关门了。因此该包装设计的主要目的，是希望人们能享受到日本各地小农场种植的高品质日本茶，通过这样的包装设计提升大家在日常生活细细品茶的欲望。

③ 八边形的包装纸盒，每一面的色彩呈现都通过不同网点疏密印刷形成色彩差异。其灵感来自于茶叶的每一片叶子都不一样的印象。

④ 包装采用瓦楞纸外盒保护。

C36 M10 Y45 K0

裏柳是一种很浅的黄绿色，来自柳叶背面的颜色。植物的叶背颜色往往比正面白，尤其是葛根和柳叶的背面。裏柳在日本已被长期使用。

C44 M0 Y37 K0

白绿色是由矿物孔雀石制成的矿物颜料色，名字中的"白"顾名思义，整体呈浅绿。

C68 M13 Y59 K0

它是一种像年轻的竹竿一样强烈的绿色。

C57 M1 Y72 K0

苗色是像稻苗一样的淡绿色。自平安时代以来，它就被用作夏季的颜色。

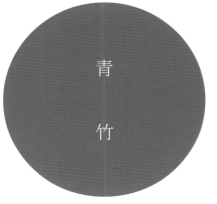

C92 M28 Y67 K0

青竹色是一种明亮的深绿色，带有清晰的蓝色调，类似于生长中的竹子。

C76 M51 Y75 K12

青丹是一种偏暗的黄绿色，就像过去用于颜料和化妆品的颜色一样。"丹"是土壤的意思，指的是绿色土壤。

C71 M46 Y60 K2

它是一种灰绿色，看起来像一根古老的竹竿。

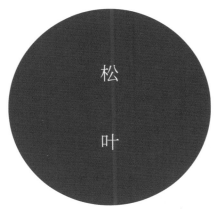

C80 M55 Y79 K20

松叶色是一种深而涩的绿色，像松针一样。又名"松针色"，是一个古老的色名。

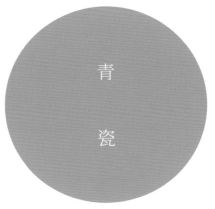

C61 M14 Y34 K0

它是一种柔和的蓝绿色，像中国唐代诞生的蓝色瓷器。

色彩

甘露牌糖果

拥有过百年历史的甘露牌（Kanro）生产和销售各种糖果。该糖果商最近研发了一种新的制糖工艺，通过在制作过程中混入空气，使细小的气泡进入材料内部，从而生产出质地柔软、轻盈的"气泡软糖"。不同于自家的其他软糖产品，这款气泡软糖口感更硬、更耐嚼，因此需要一个全新的糖果造型和包装设计，以突出自身的卖点。

客户：甘乐股份有限公司（Kanro Inc.）
设计公司：nendo
设计师：Midori Kakiuchi / Sherry Huang
摄影师：Akihiro Yoshida

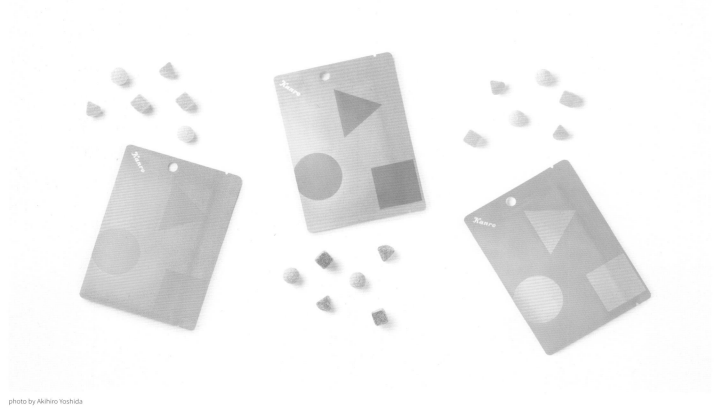

photo by Akihiro Yoshida

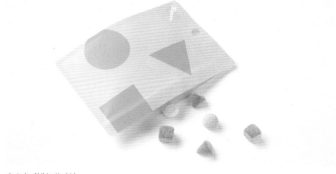

photo by Akihiro Yoshida

photo by Akihiro Yoshida

设计概念

软糖被制作成三种形状，分别是球形、圆锥形和立方体，带有不同程度的嚼劲，但口味是一样的，并在同一包装中混合销售。设计团队采用了标准的小袋，将拉链封口设置在袋子的侧面，而不是顶部，宽口和浅袋风格使糖果在开封后更容易被取出，同时把包装做成可垂挂在零售展示钩上的样式，以便减少占用空间。

包装解决了什么问题？

包装的正面只有圆形、三角形和方形这三种表达软糖形状的图形，以及倾斜四十五度的 Kanro（甘露牌）标志，无论是垂直陈列在商店还是水平放置食用，都可以轻松阅读。此外，考虑到袋子可能会被侧放在桌面或其他平面上，通过降低高度、增加底座的宽度，包装的反面被设计成可直立起来的样式，这使得产品更容易直立存放在办公室的抽屉内或其他用来分享糖果的地方。

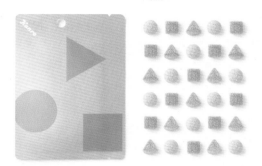

photo by Akihiro Yoshida

① 整个产品从包装的图形到糖果的造型都采用三角形、正方形、圆形,这三种最基础的图形,能给消费者建立最简洁和直观的产品印象。

photo by Akihiro Yoshida

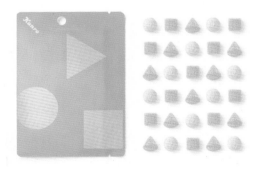

photo by Akihiro Yoshida

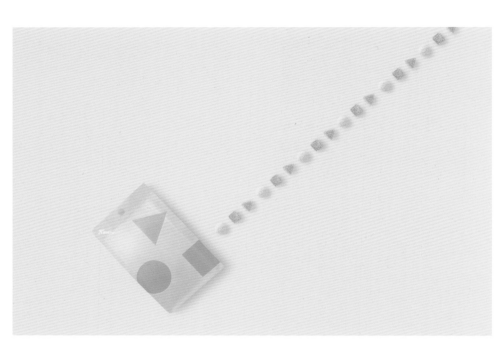

C8 M20 Y0 K0

C56 M7 Y29 K0

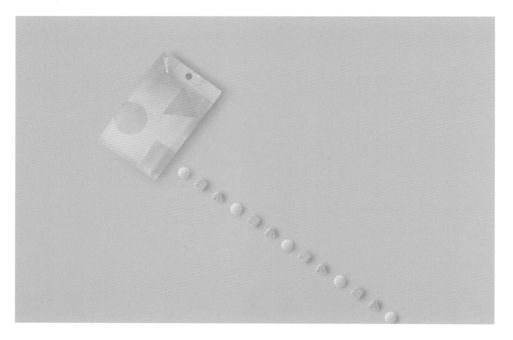

C9 M40 Y27 K0

C27 M9 Y84 K0

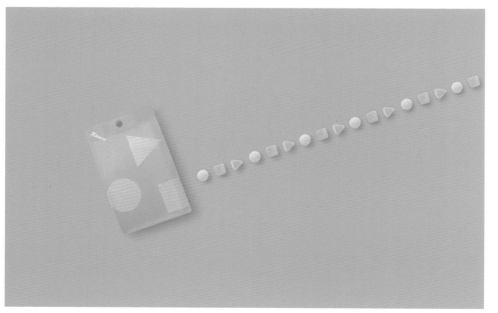

C37 M3 Y71 K0

C8 M20 Y0 K0

② 设计师采用三种不同的色彩来进行包装
设计，主要目的是区分糖果的味道。同时因
为每包糖果在同一色调下，不同嚼劲的糖果
都是混装，所以区分色彩也能给消费者增加
产品丰富度的印象。

日本传统色延展

C38 M60 Y0 K0

红藤是淡紫色，紫红色的衍生色。是用靛蓝轻微染色后覆盖红花而成，在江户时代后期特别流行。"紫红色"作为和服颜色非常适合中年人，而红藤则被认为更适合年轻人。

C85 M35 Y50 K0

青碧是一种略暗的蓝绿色。颜色名字来源于中国古代的玉石。它后来常被用作僧人的服装颜色。

C32 M15 Y85 K0

鹀是与小鸟羽毛相关的颜色名称，是一种明亮的强烈黄色调。鹀是雀科的一种小鸟，比麻雀还要小一号，在北海道有繁殖。鹀被认为是镰仓之后出现的颜色名字。

C2 M45 Y27 K0

鸨是一种苍白柔和的粉红色，略带黄，类似于朱鹮的羽毛。

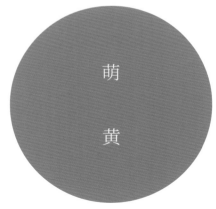

C70 M23 Y86 K0

萌黄是一种黄绿色，看起来像早春发芽的嫩叶。这是从平安时代开始使用的传统颜色名称，也被称为"萌木"。它是象征青春的颜色，就像年轻的绿树，在平安时代是年轻人非常喜爱的颜色。

C43 M51 Y0 K0

薄色是用山茶碱液或明矾，与紫根结合染成的浅紫色。

姜汁啤酒

前田新一是一家日本餐馆的老板兼厨师，他曾在澳洲生活过，一直对当地的姜汁啤酒情有独钟。回到日本后，他想让更多的日本人喝到姜汁啤酒，于是利用姜、柠檬、红辣椒和其他有机香料研发了姜汁啤酒。姜汁啤酒品牌"HAKKO GINGER"由此诞生。

客户：DFH (Delicious From Hokkaido)
设计公司：NEW Inc.
创意指导：Norio Kurauchi
艺术指导：Yuichiro Ishizuka

① 外包装特意设计成有手提，方便消费者购买带走。包装镂空的地方刚好能看到酒瓶的标签，既清晰又显眼。

设计概念

品牌名称"HAKKO GINGER"源于"HAKKO"一词，意为"发酵"，也有"八"的含义，因为这款饮料是除了七种有机配料，还添加了"激情"发酵而成的，具有自然的香气、强烈的辛辣味和温和的甜味。

包装解决了什么问题？

姜汁啤酒在国外是一种日常的无酒精饮品，然而在日本它并不常见。该产品主要以"姜汁汽水"的形式销售，因此设计的目的是要做出一个能引人注意的标签，激起人的购买欲，同时要告诉消费者，这是一款健康的饮料。

② 包装设计表达了"发酵"的健康益处。每一种口味都有一个成分表以及一个显示成分含量的雷达图，清楚显示了八种成分及其占比。其中"激情"（Passion）这一成分以幽默的方式从雷达图中"跳"了出来，设计团队希望以这样的方式让饮用的人感到心情愉悦。

成分表

③ 字体选用了像药瓶上使用的标准无衬线字体，排版以功能性图像为主。

色彩

| C6 M2 Y93 K0 | C27 M45 Y0 K0 | C4 M19 Y36 K0 | C0 M33 Y10 K0 | C0 M69 Y55 K0 | C12 M0 Y31 K0 | C10 M45 Y62 K0 | C0 M18 Y93 K0 |

C0 M17 Y53 K0

淡黄是用甘安草和碱液染成的淡黄色，它是一个古老的颜色名称。

C58 M60 Y0 K0

藤紫是一种明亮的蓝紫色，来自紫藤花，是比紫红色更强烈的紫色。

C0 M34 Y60 K0

薄香是淡黄褐色，它是用丁香作为染色原料的，所以还带有淡淡的香味。在熏香很流行的平安时代，它很受欢迎。

C0 M48 Y15 K0

一斤染是用一斤红花染料对丝绸染色制成的淡桃红色。在平安时代，深色的红花被列为"禁色"，未经天皇许可禁止佩戴。但是，像一斤染这样的红色则允许使用，所以这种颜色在当时十分流行。

C0 M65 Y58 K0

珊瑚朱色是一种明亮的橙红色，来自红色珊瑚石的颜色。自古以来珊瑚石就被加工成发饰、发簪等配饰和饰品。

C37 M23 Y63 K0

麹尘是一种像霉菌一样的浅黄绿色，是日本天皇惯用的袍色，在特殊的节日、舞会等场合穿着。

C3 M29 Y88 K0

郁金又名姜黄，是一种鲜黄色，用姜黄草的根部染色而成。江户时代初期，人们偏爱艳丽的色彩，继红色的"绯"之后，郁金也变成流行色，用于染钱包和包袱布等等。

C38 M67 Y82 K3

代赭是一种棕黄色或棕红色，来自赭石。在现代，它仍用于染色织物。

茶之庭

静冈县的挂川市是日本著名的茶叶生产地区之一。位于挂川市的佐佐木茶叶公司（Sasaki Green Tea Company）已经运营了上百年时间，是一家历史悠久、深受人们喜爱的茶叶制造商。2021 年，他们开设了一家集零售和咖啡馆于一体的商店——茶之庭（茶の庭），这是其茶叶商品的包装设计。

客户：佐佐木茶业
艺术指导：Misa Awatsuji / Maki Awatsuji
设计：Yuu Itou / Akiko Nishino

品牌标志

① 主包装以黑色的"Kanejo"标志为基础，延伸出重复性图案元素，应用在包装设计上。

设计概念

"茶之庭"是一个以茶为中心享受悠闲时光的空间。标志以佐佐木制茶的商号"Kanejo"作为象征符号，每一笔每一画都给人以茶叶构成的柔和印象。包装的设计强调了传统与现代的融合，"Kanejo"意为用心、认真工作，传达了每一份茶叶都是经过精心制作的一道"菜"。

包装解决了什么问题？

日本正在远离绿茶。便利店出售各种各样的饮料，令人们享受茶叶茶的机会变得越来越少。因此，无论是自己享用还是作为礼物送赠他人，包装的设计需要让年轻一代更容易接受，在保持老顾客要求品质的同时，融入了新的现代设计元素。

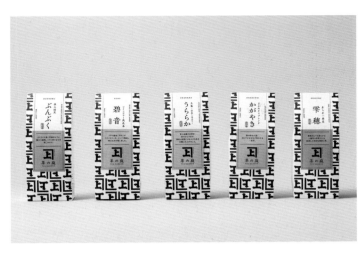

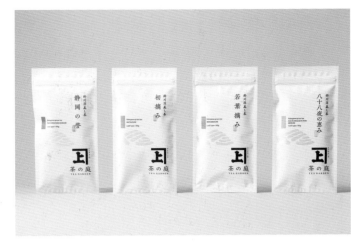

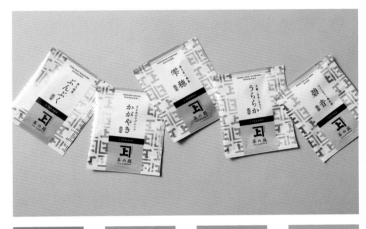

C51 M44 Y53 K0	C57 M29 Y19 K0	C53 M22 Y60 K0	C33 M29 Y95 K0
C61 M47 Y11 K0	C23 M45 Y13 K0	C38 M19 Y65 K0	C24 M19 Y52 K0

② 这一款茶叶的内外包装利用品牌标志重复排列的方式进行设计，再通过颜色区分不同的茶叶，整体统一。

日本传统色延展

空色
C72 M13 Y7 K0

空色就是天空的颜色，带有浅紫色成分，让我们想起阳光明媚的白天。空色是一个由来已久的颜色，自明治时代以来，它还成为文学作品的最爱，得到更广泛的应用。

玉子
C0 M29 Y74 K0

玉子是一种类似蛋黄的亮黄颜色。这是从江户时代初期就已经出现的染布色，它与"薄卵色"都是与鸡蛋相关的颜色，但不同在于薄卵是蛋壳的颜色，玉子是蛋黄的颜色。

利休茶
C57 M50 Y70 K3

利休茶是一种带绿色的浅棕，就像褪色的绿茶。颜色名称由来据说是室町/桃山时代的茶道大师"千利休"很喜欢这种颜色，因而得名。

梅幸茶
C57 M38 Y63 K0

梅幸茶是一种含有淡绿色的茶色。源自歌舞伎的伟大代表人物"尾上菊五郎"最喜欢的颜色，颜色名称来自菊五郎的俳名"梅幸"。

白鼠
C31 M23 Y28 K0

白鼠是一种明亮的鼠色，像银色一样优雅，与"银白"类似的颜色。来自江户时代中期的颜色名称。它是《墨之五彩》中炭、深、重、轻、清中最轻的"清"色，表示墨的浅。

藤鼠
C69 M56 Y17 K0

藤鼠是一种蓝紫色，带有平静的氛围。从江户时代中期开始作为女性和服的底色开始流行。

桃
C0 M55 Y19 K0

桃色是用桃花轻轻染成的颜色。它的起源很古老，在《万叶集》中已经可以看到关于"桃子"的描述。

柳茶
C52 M7 Y73 K0

柳茶是一种略呈灰色的黄绿色，是江户时代中期诞生的颜色名称，它的柔和让人联想到柳芽的颜色。

C39 M15 Y80 K0   C65 M29 Y100 K0

C22 M41 Y88 K0   C35 M26 Y92 K0

C19 M20 Y67 K0   C24 M49 Y44 K0

C24 M49 Y1 K0   C32 M82 Y58 K0

C84 M70 Y24 K0   C95 M85 Y39 K4

C49 M90 Y89 K20   C84 M24 Y94 K0

C54 M19 Y15 K0   C62 M82 Y74 K38

C17 M27 Y7 K0   C38 M90 Y80 K4   C29 M47 Y15 K0   C18 M16 Y55 K0   C25 M62 Y82 K0   C32 M31 Y84 K0

C53 M17 Y44 K0   C71 M65 Y56 K11   C53 M11 Y13 K0   C91 M88 Y27 K0   C41 M43 Y9 K0   C71 M98 Y56 K29

③ 对于更实惠的产品如茶包,则采用相关插图和配色的方式设计。

日本传统色延展

棟色

C42 M42 Y0 K0

棟色是一种淡蓝紫色，来自初夏开花的棟科落叶乔木。

紫苑

C55 M58 Y1 K0

紫苑是一种浅紫色，略带蓝色调，来自紫苑花的颜色。紫苑花是菊科多年生植物，因秋天开出美丽的花朵而受到人们的喜爱。平安时代人们特别喜欢在秋天穿着紫色。

葡萄

C71 M89 Y48 K12

葡萄色是一种深紫红色，像葡萄的成熟果实。在王朝文献中频繁出现，自古为宫廷的人们所熟悉的颜色之一。

黄丹

C0 M72 Y90 K0

黄丹是一种偏鲜红的橙色，是太子袍的颜色，大宝元年（701年）作为染色名称出现在大宝律令中，列为"禁用色"。这意味着黄丹代表了太阳之色，代表着最终登皇的太子。

真朱

C35 M85 Y70 K2

真朱是红的一种，带有轻微的黑。

小豆

C48 M78 Y66 K10

小豆是一种棕红色，类似于红豆的颜色。自江户时代以来，它就被用作颜色名称。经常与近似的"小豆茶"色和"小豆鼠"色一起用于和服制作。

海老茶

C55 M77 Y68 K27

海老茶是一种类似于日本龙虾的颜色，呈红褐色或紫暗红色，也称作"虾茶"。明治中后期之后，成为女生裤子和裙子的常用颜色。

青绿

C88 M0 Y53 K0

青绿是一种蓝绿色，接近花田色的绿，在靛蓝上夹杂着少量的黄蘗。

虫襖

C89 M55 Y67 K17

一种深蓝绿色，来自玉虫的颜色，又称"夏虫色"。玉虫是甲虫的一种，它的翅膀能根据光线的照射角度反射出绿色或紫色的光，如彩虹一般绚烂。

铁色

C90 M63 Y66 K30

铁色是一种深蓝绿色，类似于铁被烧过的表面。

千岁茶

C77 M61 Y70 K30

千岁茶是深绿褐色。在江户时代，有各种中性色可供选择，所谓"四十八茶一百鼠"，其中就包括千岁茶。

蓝墨茶

C86 M72 Y68 K47

一种带有靛蓝色调的深灰色。

新桥

C95 M31 Y30 K0

新桥是带有亮绿色调的蓝色。它是在明治时代中期传入的，直到大正时代成为一种高度流行的显色。

绀青

C100 M85 Y15 K0

绀青是一种深沉优雅的蓝色，带有紫色的色调，来源于颜料"绀青"。飞鸟时期从中国传入，奈良时代用于佛像和绘画的着色。

瑠璃绀

C100 M85 Y39 K4

瑠璃绀是带深紫色的蓝，这是一个传统的颜色名称，用于佛像头发的颜色，在江户时代作为袖子的颜色很受欢迎。

缥

C100 M60 Y41 K2

缥是一种由来已久的靛蓝染色名。

C27 M25 Y70 K0

C36 M55 Y69 K0

C36 M14 Y73 K0

C54 M63 Y100 K13

C60 M30 Y36 K0

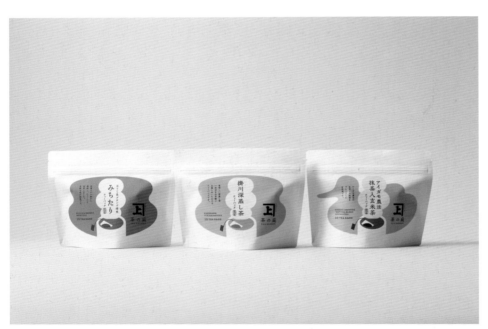

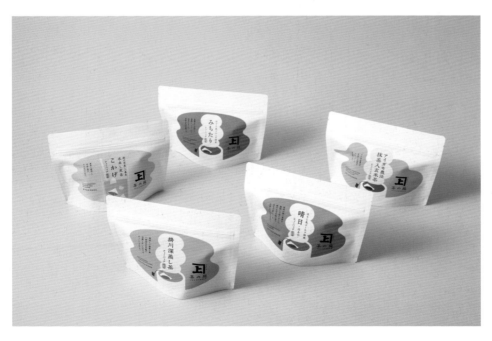

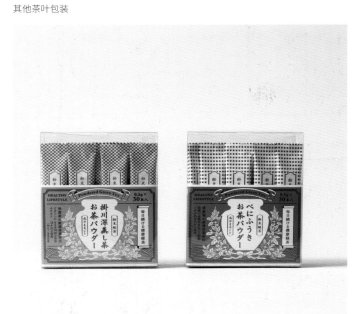

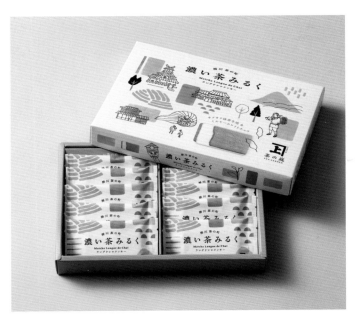

THE CAMPUS 品牌和包装设计

日本国誉（KOKUYO）创于 1905 年，是日本最大的办公用品供应商，为了给予员工及其他人一个工作和娱乐共享、轻松度过时光的空间，打造了实验场所"THE CAMPUS"。空间内建有休息区、公园、商店、咖啡馆等开放式环境。这是其品牌形象及文创产品的包装设计。

客户：KOKUYO Co., Ltd.
设计公司：YOHAK_DESIGN STUDIO
艺术指导：Taku Sasaki / Aki Kanai
设计：Taku Sasaki / Aki Kanai

帆布包　　　　　便携笔记本和笔　　　　　水杯　　　　　便携袋

① 设施名称的首字母"C"被立体图形化，表现了空间和场所的展开。同时，图形也被设计成各种形状，灵活运用在不同的物料上。

设计概念
来自国誉的背景设计团队通过立体图形和颜色来表达这个场所不断变化的理念。

色彩灵感
过去，粉红色常被认为是一种女性化的色彩，因此很少用在办公室。但是设计团队认为，粉红色是一种能让每个人轻松畅谈的颜色，它温和且温暖，与这个自由、开放的实验场所完美契合，通过调整颜色的构成和布局，粉红色也能变为中性色，给予人新事物开始的印象。

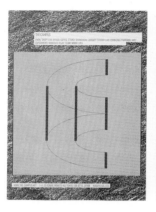

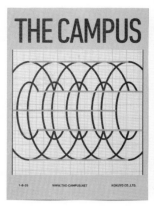
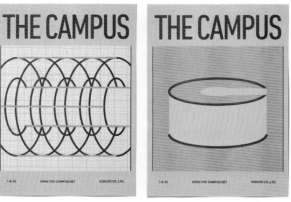

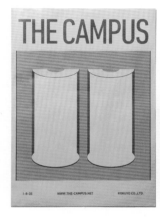

品牌主配色

C0 M78 Y0 K0　　　C0 M44 Y21 K0　　　C30 M94 Y96 K0

② 整体设计以红色系为基调，相似色的搭配也能营造一种和谐、轻松、悠闲的氛围，拉近公司、人和城市之间的距离。

日本传统色延展

C0 M80 Y3 K0

踯躅即杜鹃花，是一种明亮的红紫色。踯躅是一种古老的色彩，其名称自平安时代就已出现。杜鹃花的颜色有白、红、黄、紫等多种颜色，但一般来说是这种红紫色。

C0 M64 Y26 K0

浅而略带暗淡的红色。一般用来描述暗红的色调，代表从接近粉红色的颜色到红色强烈颜色的过渡。

C0 M100 Y65 K10

红色是红花深染而成的鲜红色，它是平安时代的一个颜色名称。有光泽的深红色在平安时代深受人们的喜爱，但红花染色非常昂贵，只有贵族才能穿得起。

THE CAMPUS
PARK/ SHOP/ LIVE OFFICE/ COFFEE STAND/ SHOWROOM/ LIBRARY/ STUDIO/ LAB/ COMMONS/ PARKSIDE/ ART/ EXPERIMENT/ HANGOUT/ PLAY/ TEAM/ WORK/ LIFE/

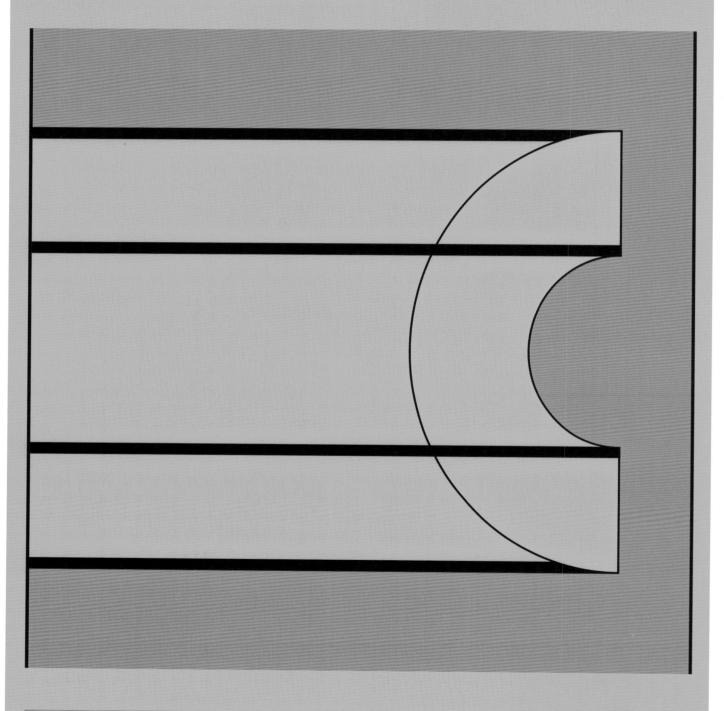

WWW.THE-CAMPUS.NET   1-8-35 KONAN, MINATO-KU, TOKYO 108-8710, JAPAN   KOKUYO CO.,LTD

THE CAMPUS

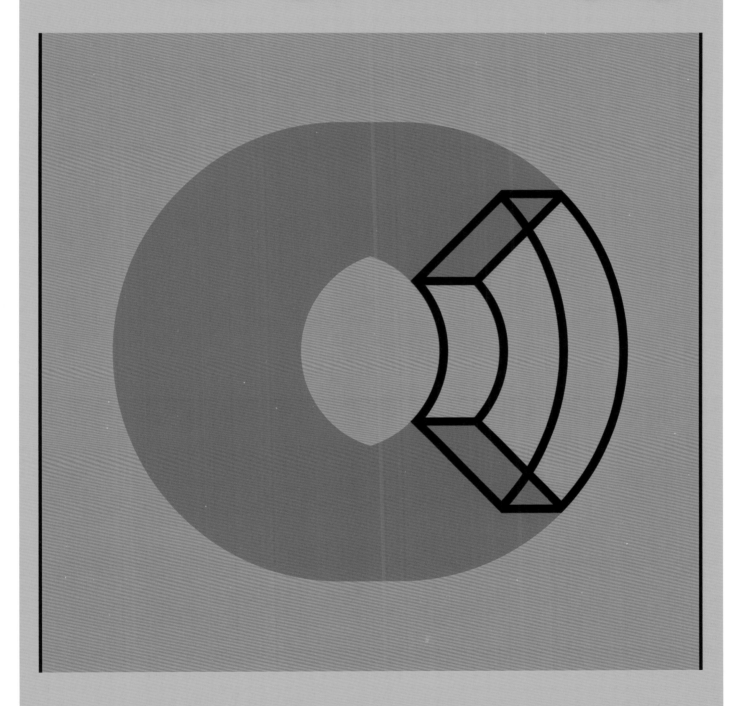

色彩

THE CAMPUS

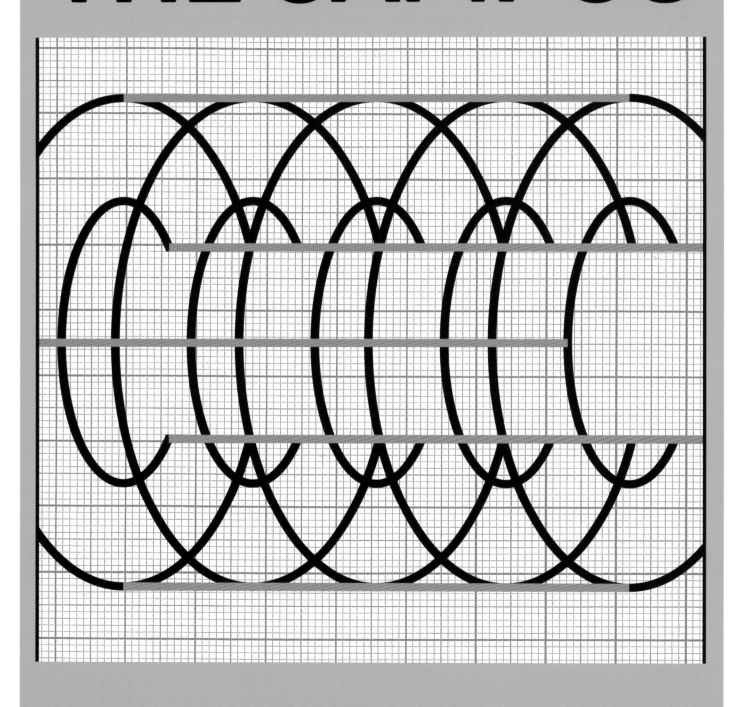

1-8-35   WWW.THE-CAMPUS.NET   KOKUYO CO.,LTD.

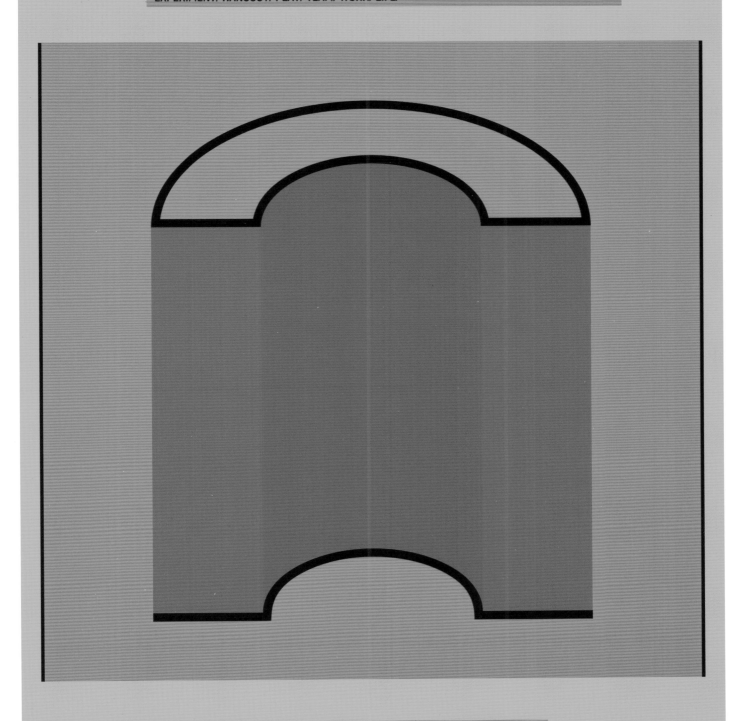

THE CAMPUS
PARK/ SHOP/ LIVE OFFICE/ COFFEE STAND/ SHOWROOM/ LIBRARY/ STUDIO/ LAB/ COMMONS/ PARKSIDE/ ART/ EXPERIMENT/ HANGOUT/ PLAY/ TEAM/ WORK/ LIFE/

WWW.THE-CAMPUS.NET   1-8-35 KONAN, MINATO-KU, TOKYO 108-8710, JAPAN   KOKUYO CO.,LTD.

色彩

THE CAMPUS

THE CAMPUS

PARK/ SHOP/ LIVE OFFICE/
COFFEE STAND/ SHOWROOM/
LIBRARY/ STUDIO/ LAB/
COMMONS/ PARKSIDE/ ART/
EXPERIMENT/ HANGOUT/
PLAY/ TEAM/ WORK/ LIFE/

1-8-35   WWW.THE-CAMPUS.NET   KOKUYO CO.,LTD.

色彩

图形

包装上的插图 / 图形，包括我们熟悉的品牌 LOGO，以及装饰辅助用的图案。大部分的快消品牌，依然在强化 LOGO 符号，而在日本包装设计中，它却逐渐被淡化，取而代之的是传递情感或气氛的辅助图案。

与品牌符号不同的是，这种与整体包装融为一体的图形元素，目的也许并不是让消费者牢牢记住这个品牌，而是与他们产生直觉上的好感和情感上的交流，使消费者第一眼便喜欢上这个产品。而 LOGO，则退化成简单的纯文字，"隐藏"在产品信息中了。

日本酸奶"汤田牛乳"

这是日本岩手县汤田牛奶公司（Yuda Milk）三年来推出的第一款新产品的包装设计，该公司以其高品质的酸奶而闻名。

客户：汤田牛奶公司（YUDA MILK）
设计公司：minna
艺术指导：Mayuko Tsunoda / Satoshi Hasegawa
设计师：Mayuko Tsunoda / Satoshi Hasegawa

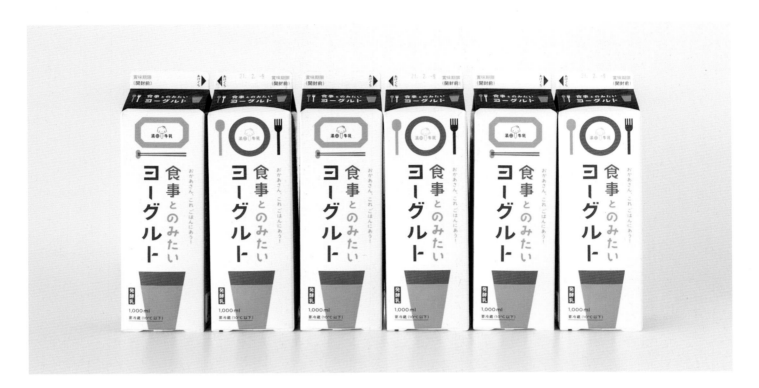

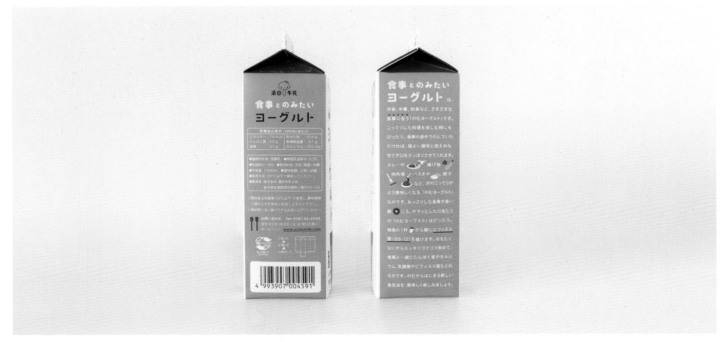

外包装

设计概念

产品属于质地轻盈、口味清淡的饮用型酸奶。设计师将象征餐饮的图案放在品牌标志旁最显眼的位置，以清爽、简洁、色调明快的版式设计，直观地传达出该产品的标语兼卖点——"适合吃饭时饮用的酸奶"。

包装解决了什么问题?

在日本，大多数零售酸奶都是奶油味浓郁、质感厚重的。这款新推出的酸奶却与现有产品完全相反，它的口感清爽。因此，包装主要呈现了该产品最大的不同之处。产品信息中也加入了一些小插图，这不仅增强了包装的趣味性，也使得产品更有趣可爱地出现在货架或饭桌上。

②左右とも完全に　　　　③手前に充分引き
押しひろげます　　　　　出してください

注ぎぐち

①両側に開いてください

食事とのみたい
ヨーグルト

湯田牛乳

食事とのみたい
ヨーグルト

**食事とのみたい
ヨーグルト** は、

洋食、中華、和食など、さまざまな
食事に合う「のむヨーグルト」です。
こってりした料理を楽しむ時にも
ぴったり。食事の途中でのんでいた
だければ、程よい酸味と控えめな
甘さが口をさっぱりさせてくれます。
カレーや　揚げ物
肉料理　パスタや　餃子
　　　　など、次のこってりが
より美味しくなる「のむヨーグルト」
なのです。あっさりした食事が多い
朝にも、サラッとした口当たり
の「のむヨーグルト」はぴったり。
朝食の１杯から腸にビフィズス
菌（BB-12）を届けます。おもたく
ないからスッキリゴクゴク飲めて、
食事と一緒にたんぱく質やカルシ
ウム、乳酸菌やビフィズス菌もとれ
るのです。のむからはじまる新しい
食生活を、美味しく楽しみましょう。

湯田牛乳

おかあさん、これ ごはんにあう！

食事とのみたい
ヨーグルト

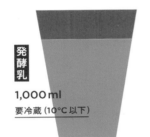

発酵乳

1,000ml

要冷蔵（10℃以下）

湯田牛乳

食事とのみたい
ヨーグルト

栄養成分表示（100ml あたり）	
エネルギー：74 kcal	炭水化物 ：10.4 g
たんぱく質：3.3 g	食塩相当量： 0.1 g
脂質 ：2.1 g	カルシウム：105 mg

●種類別名称：発酵乳　●無脂乳固形分：8.3%
●乳脂肪分：1.8%　●原材料名：生乳（国産）、砂糖
●内容量：1,000ml　●賞味期限：上部に記載
●保存方法：10℃以下で保存してください。
●製造者：株式会社 湯田牛乳公社
　　岩手県和賀郡西和賀町小繋沢55-138

◎開封後は冷蔵庫（10℃以下）で保存し、賞味期限
　に関わらずお早めにお召し上がりください。
◎開封前に良く振ってからお召し上がりください。

お問い合わせ　Tel:0197-82-2005
受付 9:00-16:00（土・日・祝日を除く）
ホームページ　www.yudamilk.com

紙パック
洗って開いて
リサイクル

①洗って
②開いて
③乾かして

0 000000 000000

食事とのみたい
ヨーグルト

湯田牛乳

おかあさん、これ ごはんにあう！

食事とのみたい
ヨーグルト

発酵乳

1,000ml

要冷蔵（10℃以下）

包装平面图

図形

① 牛奶开口处用简易的说明步骤图让消
费者看到如何更好地拆开牛奶盒。

正面

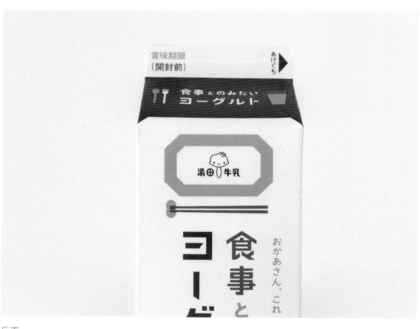

反面

② 通常情况下，标志在包装的正反面都是相同的。但是在这个包装上，标志的正反面被设计成不一样的图案，正面是红色的圆圈、勺子和叉子，代表西方餐饮文化；反面则是蓝色的方盘和筷子，代表中式餐饮文化，以表达此款酸奶可以搭配不同类型的食物。

③ 包装底部用牛奶杯的图形装饰包装，让人感觉到就像实际上把牛奶倒出来一样。

食事とのみたい
ヨーグルト は、

洋食、中華、和食など、さまざまな
・・・・・
食事に合う「のむヨーグルト」です。
こってりした料理を楽しむ時にも
ぴったり。食事の途中でのんでいた
だければ、程よい酸味と控えめな
甘さが口をさっぱりさせてくれます。
カレーや 揚げ物
肉料理 パスタや 餃子
など、次のこってりが
より美味しくなる「のむヨーグルト」
なのです。あっさりした食事が多い
朝 にも、サラッとした口当たり
の「のむヨーグルト」はぴったり。
朝食の1杯 から腸にビフィズス
菌（BB-12）を届けます。おもたく
ないからスッキリゴクゴク飲めて、
食事と一緒にたんぱく質やカルシ
ウム、乳酸菌やビフィズス菌もとれ
るのです。のむからはじまる新しい
食生活を、美味しく楽しみましょう。

④ 产品信息中并不像普通配料表那样只有简单的文字说明，为了配合包装形象加入了一些小插图，这不仅增强了包装的趣味性，也使得产品更有趣可爱地出现在货架或饭桌上。

食事とのみたい
ヨーグルト

おかあさん、これ ごはんにあう！

⑤ 包装上的广告语为定制字体，边缘被设计得较为尖锐，以表达酸奶的新鲜和入口时浓郁的味道。

för ägg 的戚风蛋糕

för ägg 位于日本新泻县，是一家在经营家禽养殖场的同时销售戚风蛋糕和其他烘焙点心的公司。设计公司 Sitoh 受邀，为其进行了品牌重塑设计。

客户：för ägg
设计公司：Sitoh Inc.
艺术指导：Motoi Shito
制作：LABORATORIAN Inc.

① 这款蛋糕店的外包装采用飞机盒的结构，里面装的每一款蛋糕都单独再用透明塑料袋封装。

设计概念

以简单的设计表现从鸡蛋被制作成戚风蛋糕的过程。设计师观察到此生产过程的变化，并以此为基底打造出其独特的网格系统。

包装解决了什么问题？

希望能让顾客产生新鲜感和期待，同时让他们感受到商品的附加价值。

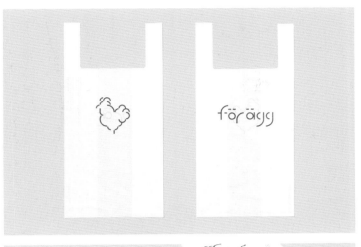

② 标志是一个用碎裂的鸡蛋壳作为灵感构成的母鸡形象，品牌名称的字体设计也是基于这个灵感点进行同一风格的设计。字母都在原字形的基础上被分割成结构化碎片，并被重构成一种新形式。

③ 宣传海报的设计风格也高度统一化，依据品牌字体的调性通过网格进行分割，给读者建立高度统一的认知。

宣传海报

④ 海报的印制采用了专色油墨加 UV 的工艺，传递品质感。

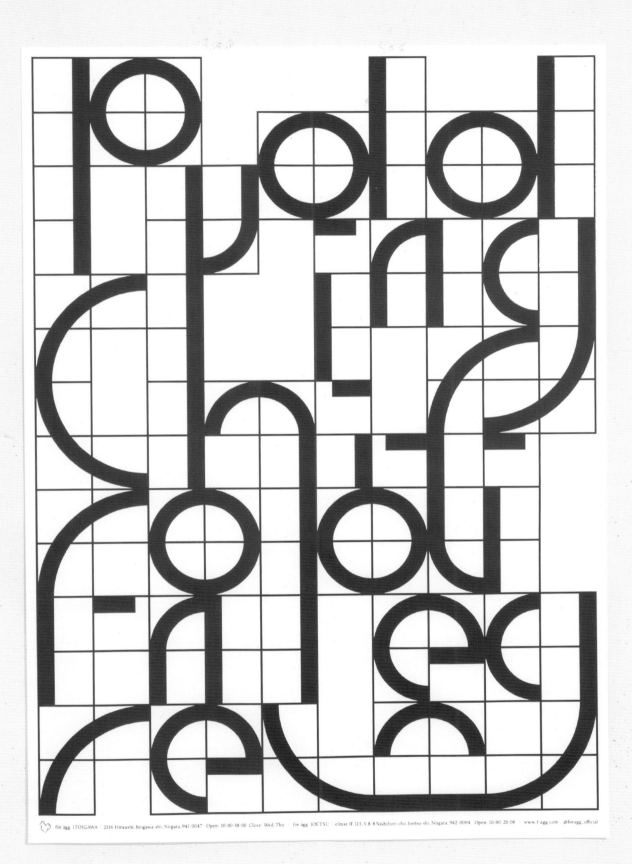

för ägg ITOIGAWA : 2116 Hiraushi, Itoigawa-shi, Niigata, 941-0047 Open: 10:00-18:00 Close: Wed, Thu   för ägg JOETSU : elmar 1F 113-3-8-8 Nishihon-cho, Joetsu-shi, Niigata, 942-0004 Open: 10:00-20:00   www.f-agg.com   @foragg.official

图形

儿童餐具：BONBO

位于日本志贺县的 KINTO 是厨房和餐具制造商，成立于 1972 年。从西式餐具到东方餐具，材质包括玻璃、陶瓷、塑料等，它为人们的日常生活提供了一系列既实用又美观的生活用具。设计公司 OUWN 受委托，为其新推出的婴儿餐具"BONBO"系列设计了简约、充满活力的包装设计。

客户：KINTO
设计公司：OUWN
艺术指导：石黑笃史
设计：石黑笃史

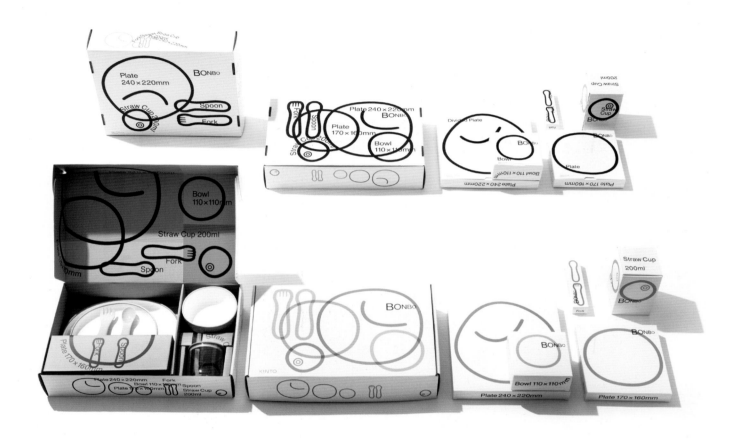

设计概念

为了设计出一个既适合作为礼物，又能让孩子和大人都感受欢喜的包装，设计师利用类似于孩子们用蜡笔画的粗线条描绘了餐具的有机形态，并放大用作包装的主视觉元素，以此呈现一种童心未泯的感觉。由线构成的图形被堆叠了起来，同时加入了大面积的留白，从而表达孩子们思想的不可预测性、他们的天真和大胆的行为。

包装解决了什么问题？

在商品琳琅满目、包装风格各异的商店里，生动形象的图形能立即抓住人们的眼球，大胆的图形表现出童趣感，也容易被理解，目标顾客能直观且快速地与盒内的主题和内容产生联想。

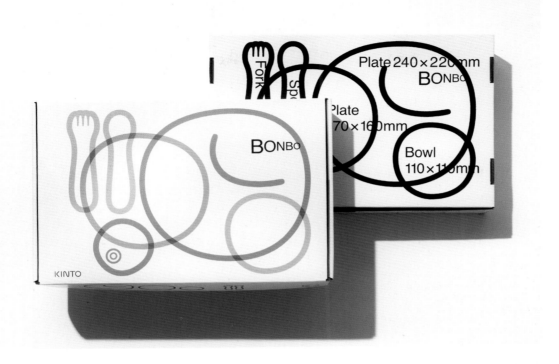

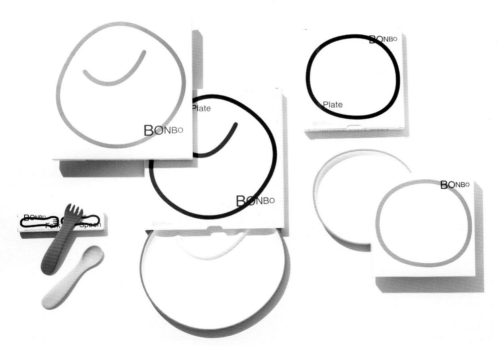

① 包装内的餐具边缘颜色
与外盒图案用色统一。

② 包装盒正面的图形为彩色，表达了小孩在玩耍时的天真、活力以
及童趣。而底部的图形是黑色的，灵感来自户外游戏，代表了产品在
阳光照射下的阴影。之所以选择线条重叠的方式来设计包装的主视觉，
设计师表示产品的轮廓线条就能很好地展示出产品自身的特点——简
单、圆润、可爱；另一方面，这些图形看起来像小孩子的涂鸦画，仔
细看又不像，希望通过这样的方式激发小孩的想象力，起到引导父母
与孩子对话的作用。

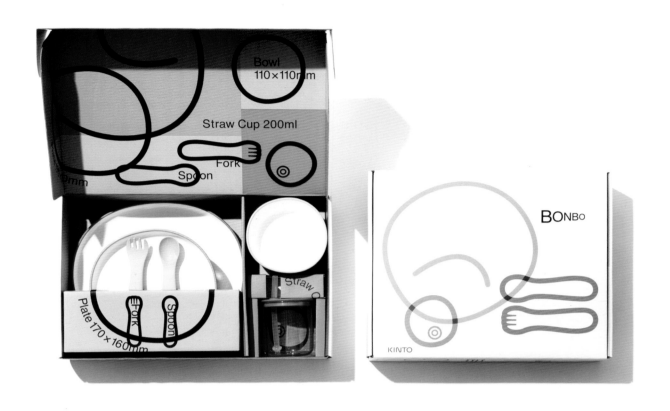

③ 外盒的图案是按照餐具的形状设计的，都带有
钝角与圆的特点，颜色也一致。

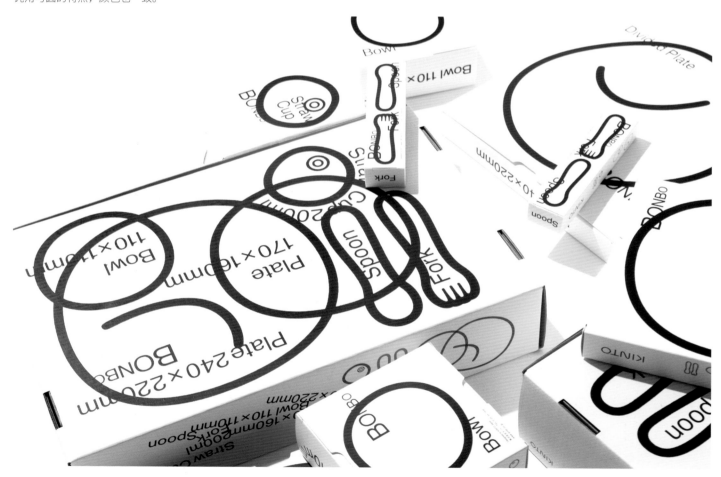

Plate 170×160mm
Plate 240×220mm
Bowl 110×110mm
Straw Cup
200ml
Fork Spoon

Plate 170×160mm
Plate 240×220mm
Bowl 110×110mm
Straw Cup
200ml
Fork Spoon

Straw Cup
Spoon 200ml
Fork Plate 240×220mm

KINTO

KINTO

KINTO

罗森便利店

罗森（Lawson）源自美国，目前已成为"日本便利店三巨头"之一。2020年，罗森旗下的自有品牌商品外包装全面升级，佐藤大的设计工作室 nendo 受邀，为其近 700 种不同的产品重新设计标识和包装。

客户：罗森
设计公司：nendo
设计师：Naoko Nishizumi / Yasuko Matsuo /
Midori Kakiuchi / Madoka Takeuchi
摄影师：Akihiro Yoshida

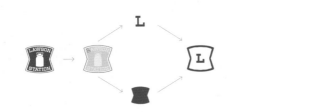

罗森旧 LOGO 升级设计　　　　　罗森新 LOGO　　　　　罗森新 LOGO 变换

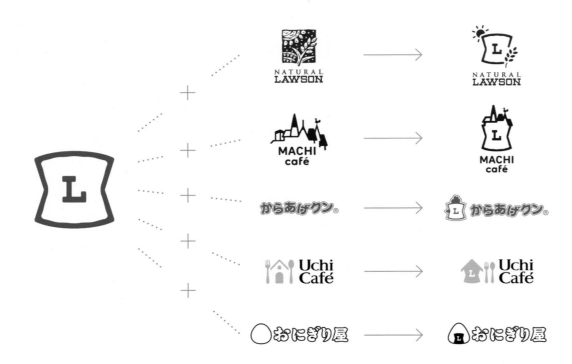

罗森子品牌 LOGO 延伸

① 设计团队先从罗森原本的 LOGO 中提取了"L"字母的剪影和奶瓶图案，
设计出数个简约、高可视化、能应用在不同产品系列的新 LOGO，把它们
作为主元素运用在包装上。

设计概念

考虑到罗森便利店的产品种类繁多，以及让它们和其他同样在罗森销售的
品牌区分开来的需求，设计的重点落在了如何建立一套统一、和谐的视觉
系统。

NATURAL LAWSON

自然的罗森

MACHI café

MACHI 咖啡

唐扬炸鸡

Uchi 咖啡

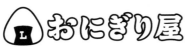

饭团屋

photo by Akihiro Yoshida

L basic - 日常食品

photo by Akihiro Yoshida

L basic - 日用品

② 基本商品系列"L basic"直接采用新的 L 标志，同时为了更好地区分产品属性，食品类的包装以柔和的裸色调为主，日用品的则为灰色。

photo by Akihiro Yoshida

photo by Akihiro Yoshida

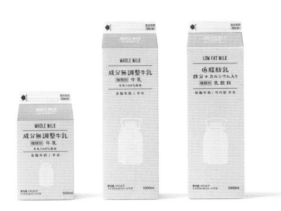

photo by Akihiro Yoshida

photo by Akihiro Yoshida

photo by Akihiro Yoshida

photo by Akihiro Yoshida

| 白糖 | 口罩 | 牛奶 | 棉花 | 沙拉 | 卷纸 |

③ 包装上利用最直观的图形展示产品，让消费者在购买时更加清晰明了。

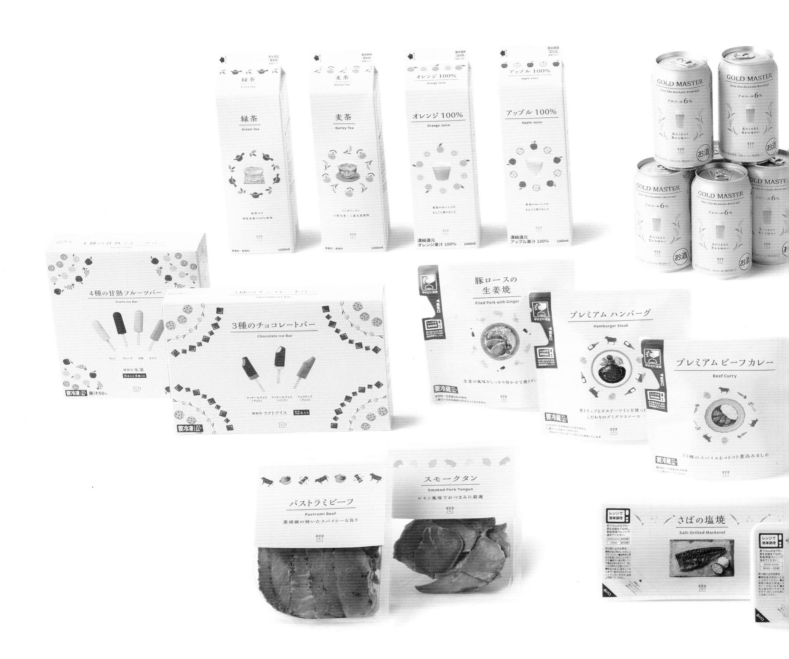

photo by Akihiro Yoshida

L marche - 快消食品

④ L basic 以外的快消品系列"L marche",包括冷冻食品、糖果、快餐和饮料四大类产品,它们的包装不像传统包装那样采用大面积的商品图片,而是使用了温和的字体和手绘的插画图案,让顾客更清楚地了解产品的成分和内容。

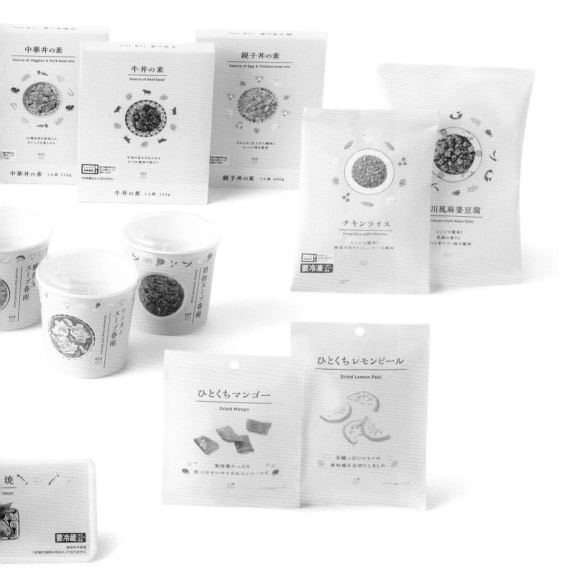

⑤ 该包装视觉最吸引消费者的地方就是包装上的手绘插画图形,设计师通过将食材插图重复环绕排列的方式来突出中间的美食,让消费者有一种觉得食物非常好吃的即视感。包装上的产品名称以日语、英语、中文和韩语四种语言书写,以确保海外游客能清楚看懂商品内容。

生命之源

日本食品制造商味之素集团专注于健康饮食和健康生活，为 130 多个国家和地区的人们提供了帮助他们实现健康目标的产品和解决方案。

客户：味之素
创意指导：Kentaro Sagara / Toru Suwa（电通）
艺术指导：Kentaro Sagara
策划：Toru Suwa（电通）
项目主管：Kentaro Sagara / Toru Suwa（电通）/ Noriaki Onoe（电通）/ Seitaro Miyachi（电通）
文案：Yuki Ohtsu（电通）
设计：Keigo Ogino (ADBRAIN) / Eri Hosaka (ADBRAIN)
插画：Shigekiyuriko Yamane
摄影：Norio Kitagawa

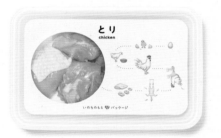

① 镂空圆不仅能让消费者一眼看到产品的质量与新鲜程度，实物与插画的结合也让包装更加显眼。

设计概念

设计团队将食材的诞生过程可视化,利用可爱的插画向人们科普它们是如何"来到"超市的。

包装解决了什么问题?

此次的包装设计不仅能吸引消费者，还能起到教育意义，让更多小孩了解到超市里贩卖的食材如肉类、鱼类的来源。

うし
beef

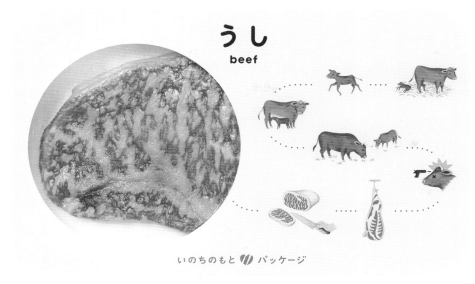

いのちのもと ♥ パッケージ

用插画语言呈现牛肉从小牛出生到变成餐桌食物的整个过程

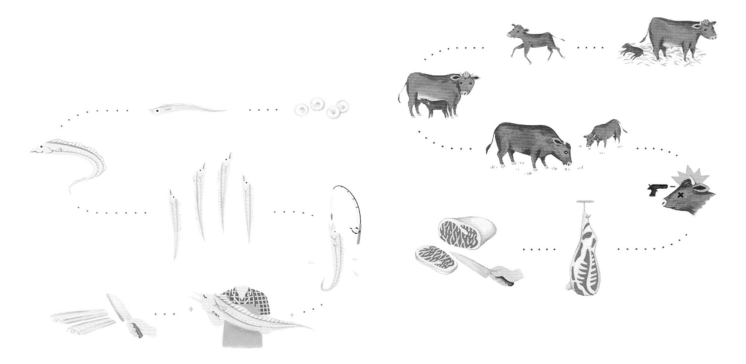

たちうお
beltfish

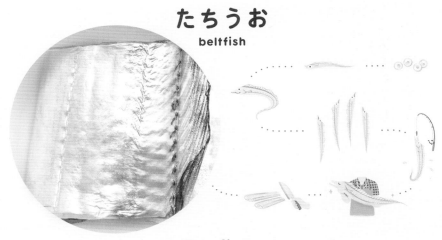

いのちのもと ♥ パッケージ

用插画语言呈现秋刀鱼从出生到变成餐桌食物的整个过程

とり
chicken

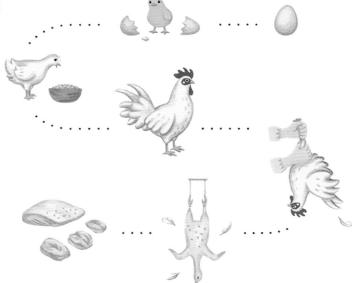

用插画语言呈现小鸡从出生到变成餐桌食物的整个过程

いのちのもと ❤ パッケージ

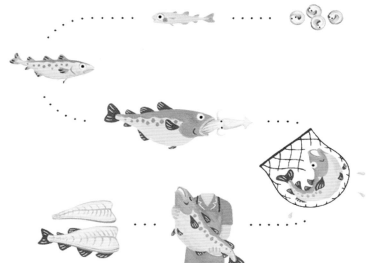

たら
cod

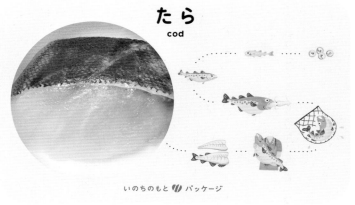

いのちのもと ❤ パッケージ

用插画语言呈现鳕鱼从出生到变成餐桌食物的整个过程

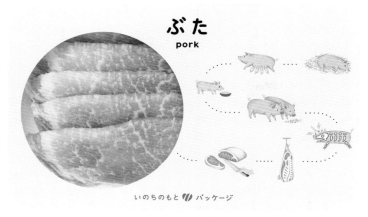

ぶた
pork

いのちのもと　パッケージ

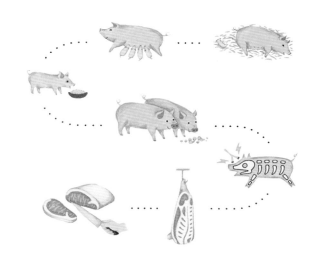

用插画语言呈现小猪从出生到变成餐桌食物的整个过程

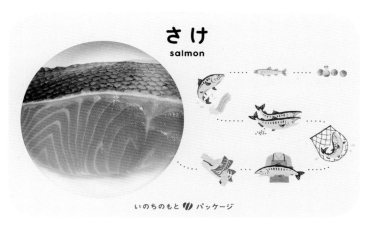

さけ
salmon

いのちのもと　パッケージ

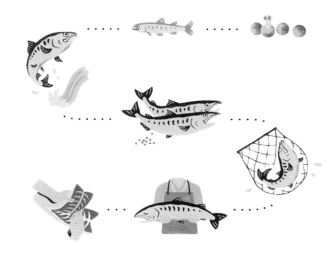

用插画语言呈现三文鱼从出生到变成餐桌食物的整个过程

うなぎ
eel

いのちのもと　パッケージ

用插画语言呈现鳗鱼从出生到变成餐桌食物的整个过程

粮油屋：东京 AKOMEYA

粮油品牌 AKOMEYA 起名于 "KOMEYA"，在日语中意为 "米屋"。作为日本食品的象征，东京 AKOMEYA 严选并销售全国范围内的各种大米、时令食品以及杂货。

客户：The SAZABY LEAGUE
设计公司：Knot for, Inc.
艺术指导：Taki Uesugi / Saki Uesugi
设计师：Taki Uesugi / Saki Uesugi

酒樽

① 装饰酒桶或酒樽（日：飾り樽，kazari-daru）被视为日本传统文化的象征之一，是一种由稻穗捆绑起来的装饰物，用以祈求水稻丰收、祭祀当地神灵。一般桶上只标明酒厂的名字以及位置，而在这一项目里，设计团队在酒樽的外包装上加入了各种有趣的和风元素插画，来传递富足与幸福的祝愿。

设计概念

该包装设计直观地传达粮油屋 AKOMEYA 的概念，让人一眼就能识别到 AKOMEYA 品牌的产品。虽然中性字体是平面设计的大趋势，但是设计团队认为这不是传达 "美味" 的最优方式，并考虑到大多数顾客的年龄在 30 岁至 60 岁之间，最后选用了一种具有手写感且笔触细腻的毛笔字来设计包装上的字体。

包装解决了什么问题？

设计团队表示，不管是在货架还是家里，这一包装设计都具有美感，并在提升品牌形象的同时，散发出一种既亲切又熟悉的感觉，使人回想起过去和奶奶一起生活的日子。

高汤

② 外围的稻穗图案寓意五谷丰登、恩泽大地。在日本绳结都有各自的含义，都象征着吉祥。稻穗和绳结这两种吉祥之物被图形化并用在包装上，共同寄托了对顾客的美好祝愿。

日本传统图案

包装袋正面

包装袋反面

手帕

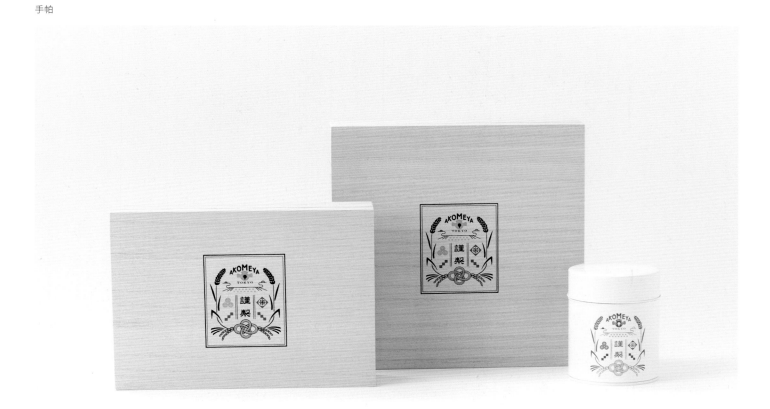

袋装大米

手帕

豆菓子

饼干

料酒

酱油、味噌

黑暗中的甜玉米

Peakfarm 是一个主打零添加的有机农场，位于日本爱媛县西条市的石槌山，农场里的蔬菜都是通过自然农法种植出来的。玉米是该农场的特色产品，被取名为"黑暗中的甜玉米"，因为玉米都是在天黑时带壳收割的，以最大限度地保留其营养价值和新鲜度。

客户：Peakfarm
设计公司：Grand Deluxe
创意指导：松本幸二
艺术指导：松本幸二
设计师：松本幸二

① 包装上的表情图案添加，让玉米像是赋予了表情的形象，生动又可爱。

设计概念

设计师选用汉字和片假名字符来设计包装上的产品名称，有的玉米须看起来像"莫西干头"（在北美地区兴起的发型）、脏辫、长发，因此在包装上加入像人的眼睛和嘴巴的图形，并设计成两种代表"惊恐"和"开心"的表情符号，使产品更有趣、可爱，从而吸引消费者的注意力。

包装解决了什么问题？

大米是日本人的主食，玉米很少会出现在日本人的饭桌上，这使得玉米在销售大厅里成为了一个不起眼的存在。因此该项目所面临最大的挑战，是如何做出一个醒目的设计，使玉米能与其他新鲜食品抗衡。虽然蔬菜产品一般只需要简单的包装设计，但在包装上增加一些新花样，能刺激更多人在社交媒体上分享，带来更多的宣传效果。

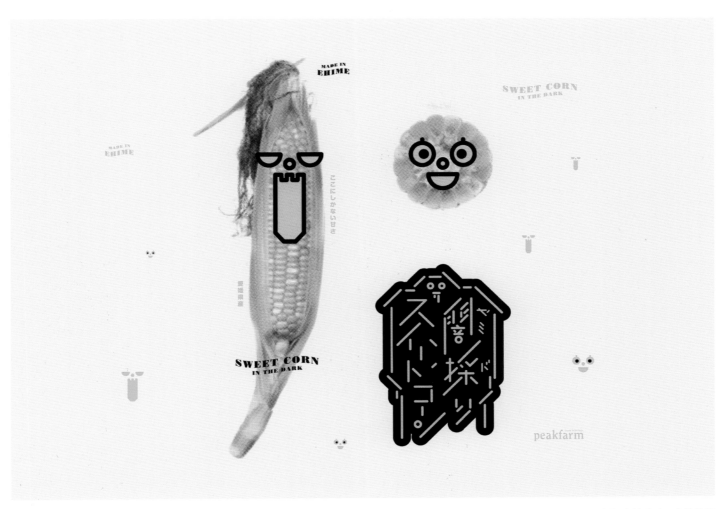

② 包装的字体以直线为基本元素，进行图形化设计，既特别又有趣，切合品牌调性。包装袋由可循环利用的透明塑料制成，顾客能清晰看到玉米的品质。

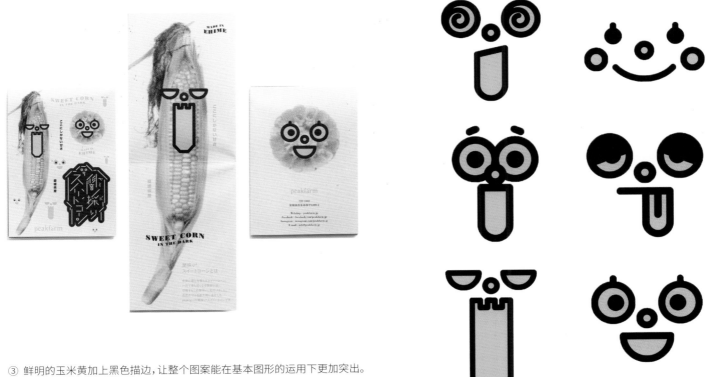

③ 鲜明的玉米黄加上黑色描边，让整个图案能在基本图形的运用下更加突出。
而大多图形都偏圆润没有棱角，更能贴近可爱的品牌形象。

郡上八幡苹果苏打酒

这是产自日本岐阜县郡上市八幡地区的苹果苏打酒套装。

* 2021JPDA 日本包装设计大赏金奖作品

客户：郡上八幡产业振兴公社
设计公司：Ono and Associates Inc.
创意指导：Ayako Ono
艺术指导：Ayako Ono
设计：Ayako Ono
插画：Tomoyo Iwata

设计概念

包装的概念为"跳舞的苏打水"，其灵感来自于当地传统的"郡上踊"。
它是郡上市八幡地区的特色舞蹈，在每年夏天的盂兰盆节举行，和德岛县
的"阿波舞"、秋田县的"西马音内盆踊"被视为日本三大盂兰盆节舞。
在节日上，每个人都可以穿着木屐和日式浴衣跳舞。据说这一舞蹈最早起
源于一种佛教仪式，如今已被指定为重要的无形民俗文化财产。

包装解决了什么问题？

利用当地的产业和材料来振兴该地区。

① 苹果酒用日本传统的棉制手拭巾（日：てぬぐい，Tenugui）包裹着。苏打酒喝完后，手拭巾可以当作纪念品收藏，重复使用。
手拭巾的制作采用日本传统"朱色"（日：しゅいろ，Shuiro）色调，并选用日式浴衣的"圆点"和"斜条"图案作为装饰。

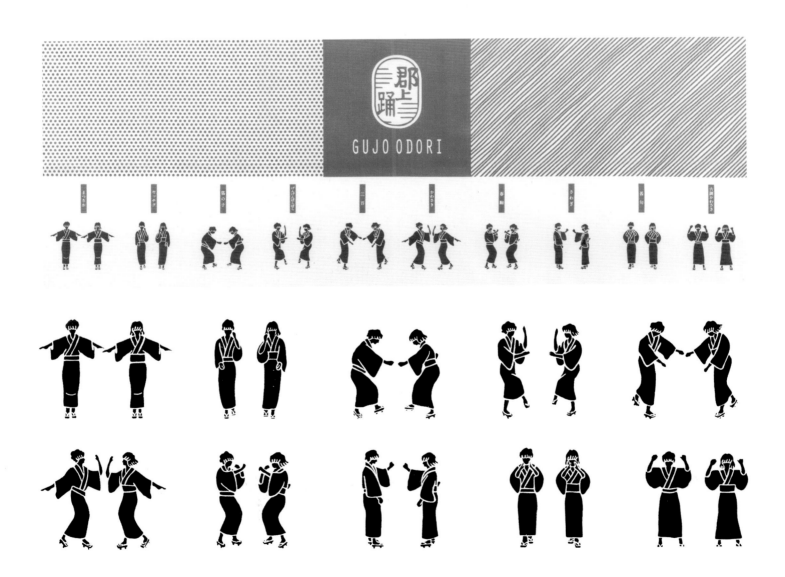

Nagaoka Sugar 长冈糖

这是一款针对年轻消费者的健康蔬菜糖果，设计师 Kano Komori 依据年轻人的定位，采用现代的设计语言创作了该产品的包装。

设计：Kano Komori

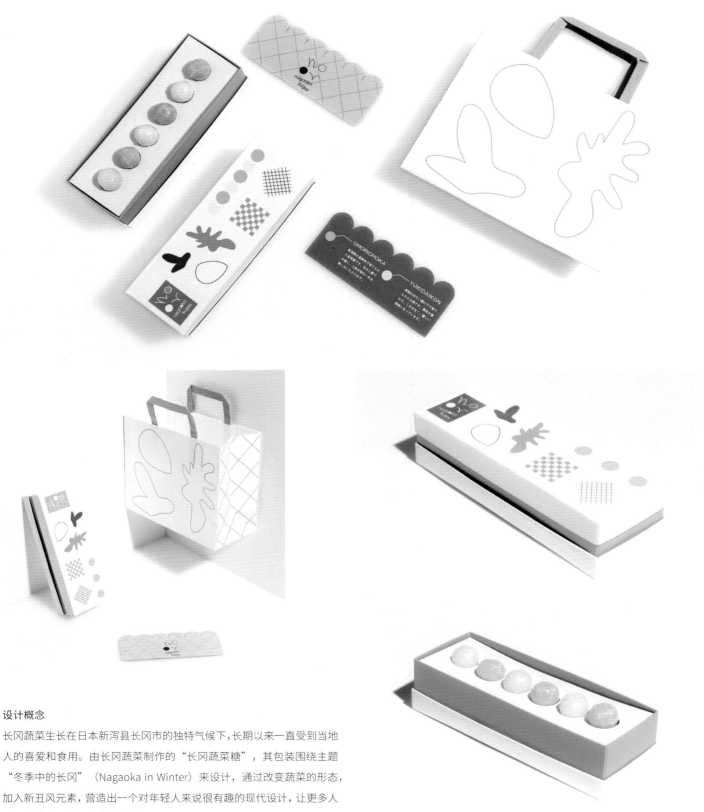

设计概念

长冈蔬菜生长在日本新泻县长冈市的独特气候下，长期以来一直受到当地人的喜爱和食用。由长冈蔬菜制作的"长冈蔬菜糖"，其包装围绕主题"冬季中的长冈"（Nagaoka in Winter）来设计，通过改变蔬菜的形态，加入新丑风元素，营造出一个对年轻人来说很有趣的现代设计，让更多人了解和感受到长冈蔬菜的魅力。

① 设计师选用了竹尾的 Van Nuvo VG 系列的白雪色纸张，很好地表达了
"冬季中的长冈"这一概念。

同时这种带有细微粗糙纹理的纸张，能很好地增强图形的视觉效果。印刷
时在保证色彩的呈现时也能很好地将纸张的质感保留。

② 图形的设计采用现代新丑风的风格将长冈市的食用菊花、白萝卜，以及
位于新泻县日本最大的河流"信野河"和被信野河滋养着的土壤进行抽象
化处理，强化了设计的形式感，也更加吸引年轻消费者的注意力。

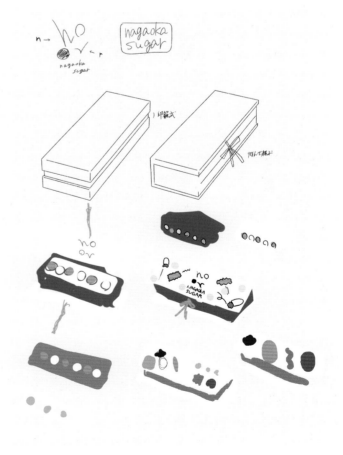

创作手稿

五岛乌冬面

五岛群岛位于日本长崎县西部，由 152 个小岛屿组成。源自五岛群岛的"五岛乌冬面"（Goto Udon）以其筋道、口感和光泽，成为了日本三大乌冬面之一。Ota Seimenjo 是当中历史最悠久的手工乌冬面制造商。

客户：Ota Seimenjo
艺术指导：Misa Awatsuji / Maki Awatsuji
设计：Etsuko Nishina

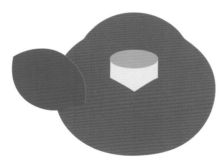

① 设计团队因此把设计的重点放在了该乌冬面的产地五岛，利用大胆而简单的构成元素、高对比度的红、黄、绿，将五岛的象征之花"山茶花"设计成主视觉图形，以快速吸引消费者的眼球。

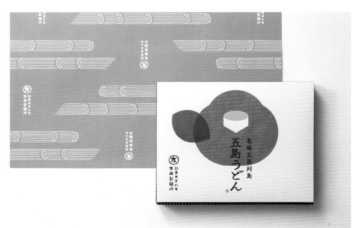

设计概念

红色山茶花的花语是不做作的美、谦虚的美德，非常适合用来表达制面商真诚制面的心意，以及传统的味道和技艺能够长年累月地传承下去的祝愿。

包装解决了什么问题？

乌冬面对于日本人来说是很常见的食品，种类繁多，包装亦五花八门。虽然五岛乌冬面被视为日本三大乌冬面之一，但是它在日本国内的认知度并不高。

② 包装采用简易的一体成型的翻盖盒，节约包装制作成本。

宣传单

购物袋

日本三好"花"清酒

"阿武の鶴"酒厂在 1914 年创业于日本的山口县，闭业于 1983 年。2015 年，第六代传人三好隆太郎恢复经营，并推出了名为"HANA"（花）的五年酿酒计划，将"2020 年酿造的酒"和"2021 年酿造的酒"混合在一起，次年将"2020 年酿造的酒"和"2022 年酿造的酒"混合，如此类推，直至 2025 年，"2020 年酿造的酒"和各自年份酿造的酒混合来推出商品，合计 5 款混合型清酒，以此纪念困难重重的 2020 年。

客户：阿武の鶴酒(Abunotsuru)
设计公司：OUWN
艺术指导：石黑笃史
设计：石黑笃史

① 酒瓶背面的说明文字由多种字体组成，如细长而扁平的字体、对角线式字体等，目的是以不同类型的字符来表达"混合"的概念以及世界各地的人一起分享的想法。

设计概念

包装的设计表现了想法如"花"般绽放的主题。
就像酿酒厂的"复活"一样，客户希望在新冠疫情期间将三好清酒的正能量带给全世界。他们花了五年的时间进行反复调试，这包括认真储存 2020 年酿造的清酒，在上桌之前将其与往后年份的清酒混合，使其口感随着时间的推移变得更加丰富。

色彩灵感

图形以红色为主，因为红色对于日本来说是一种熟悉的色彩，它沉稳且充满生命力，非常适合用于展现 HANA 这一项目的形象。

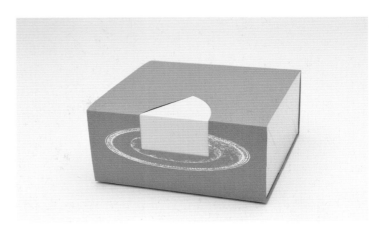

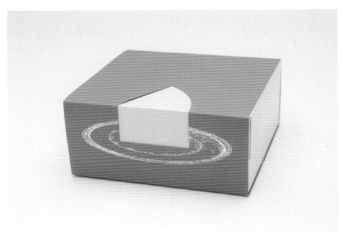
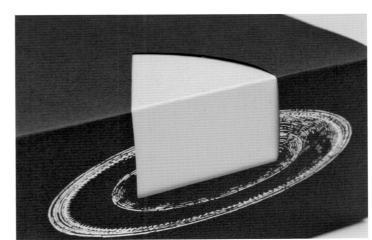

盘子的插图采用了银箔烫印的工艺来制作。

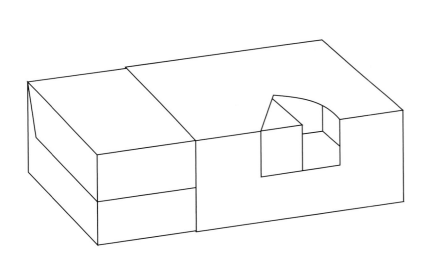

包装结构图

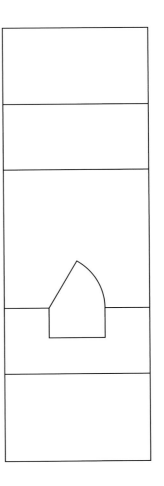

RURU MARY'S 巧克力包装

RURU MARY'S 是日本历史悠久的巧克力制造商 Mary Chocolate 的一个巧克力品牌。该品牌及其概念诞生于以快乐的方式激发和联系人们的愿望。

客户：Mary Chocolate Co., Ltd.
艺术指导：Eriko Kawakami
设计：Eriko Kawakami
制作：Mitsue Takahashi

部分产品已不在市面销售

C100 M69 Y0 K6

① 蓝色是 Mary Chocolate 的标志性色彩，因此包装以蓝色作为主色调。蓝色与白色相映成趣，使人联想到天空和湖泊。

设计概念

该包装设计的概念是为了让人们在任何时候、任何地方都能感受到巧克力的存在。当人们打开盖子，就出现了树和花的图案，让人们在遇到巧克力时产生一种奇妙的感觉。

包装解决了什么问题？

尽管这家巧克力制造商已经非常成熟，但是它的形象是面向老年人的，因此有必要为年轻人打造一个新品牌。项目的挑战就是要设计出一种能够增强与朋友之间交流的包装，在这里，只要打开巧克力，对话就会轻松地展开，并获得惊喜。

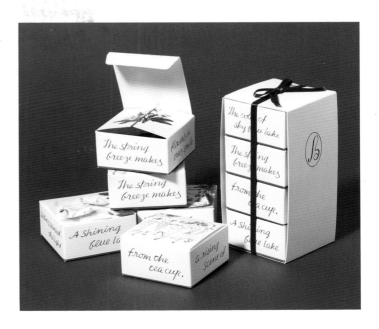

② 为了表现出历史悠久的经典感，和强化与客户沟通拉近距离，设计师在盒子侧面采用了手写字体，而不是现有的字形。

③ 白色的外边框也用了烫金工艺，其光泽取决于它所处的角度。

④ 外盒图案选用古典装饰绘画风格的鲜花插图，体现传承与复古感。

味噌品牌 "雪之花"

杉田味噌酿造厂创立于江户时期，是一家位于新泻县老字号味噌酿造厂。在江户时代的越后高田，味噌是一种"麦芽漂浮的味噌"，当大米谷芽制成味噌汤时，它会轻轻地漂浮在汤里。杉田味噌酿造厂的"雪之花"味噌也是越后高田传统的漂浮麦芽味噌。DESIGN DESIGN 受到委托，为其味噌品牌"雪之花"进行了包装及品牌重塑。

客户：杉田味噌酿造厂
设计公司：DESIGN DESIGN Inc.
创意指导：Takeaki Shirai
艺术指导：Takeaki Shirai
设计：Takeaki Shirai

设计概念

"雪之花"这个名字的由来，是东京的一位顾客发现在味噌汤里的麦芽看起来像雪花一样美丽，也让人联想起雪花飘落的景象；而且让"雪花"般的麦芽"绽放"在汤里是制作这种味噌的标志性传统工艺。因此，设计团队创作了象征雪花的图形，把它们用在包装上。

包装解决了什么问题?

为拥有悠久历史的品牌进行包装重塑，往往是保守的设计居多。然而，设计师 Takeaki Shirai 认为"只侧身而不前进"的设计是没有意义的，因此该包装设计的目的是赋予产品一个能长期存在的外观，在吸引那些已经喜欢该产品的人的同时，还能勾起那些还没有看过它的人的兴趣。

① 图形的渐变色彩根据口味而变化。而通过透明的产品包装，顾客可以清楚识别味噌的状态。

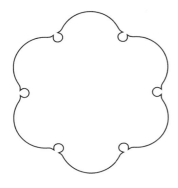

② 通过融合雪花和花卉的形状，这些图形也被设计得像日式传统家纹，目的是在保留传统品牌形象的同时，注入更为现代的设计元素，做出一个与现代生活方式相匹配的包装。

日本传统植物纹样延展

工艺材料

日本人崇尚、敬畏大自然，十分关注自然界的变化，认为山川草木皆有灵魂，形成了崇尚自然的民族特性。日本的设计处处闪现着日本人崇尚自然的思想，尤其是包装工艺的运用，更能体现他们取材于自然、创造自然美的追求。

这种审美取向造就日本包装设计"朴实的精致"这一特点。除了选取天然的材质作为包装设计的材料之外，设计师还会利用现代工艺与材料，创造出具有自然感的包装。

比如使用白色的带有细腻纹理的纸张，来模拟雪花般的温婉柔和感，又或者运用压印的工艺来制作木头的纹理等等，传递出高级的自然质感。

日本清酒"人、木与时刻"

利用木桶酿酒是日本传统清酒文化中最大的特点。今代司酒造委托工匠建造了一组 4000 升的新木桶，决心在未来一百年内将日本传统酿酒文化继续传承下去，并邀请了设计公司 Bullet 为其名为"人、木与时刻"的限定纯米酒定制了新的包装设计。"人（イ）"和"木"加起来是"休"，日文ひととき，表示"片刻"的意思。

客户：今代司酒造
设计公司：BULLET Inc.
艺术指导：Aya Codama
设计：Aya Codama / Ryoya Yamazaki
摄影：Shinjiro Yoshikawa

*2021JPDA 日本包装设计大赏金奖作品

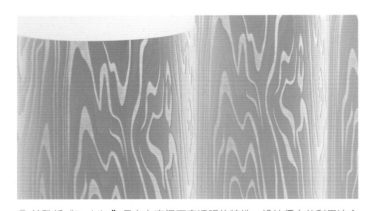

① 特殊纸"Pachika"具有在高温下变透明的特性。设计师充分利用这个特点，将雪松木桶的纹理通过热凹凸工艺制作酒瓶标签。这类型的纸张目前在中国市场上也可以通过纸张公司咨询采购到。

② 产品名"人、木与时刻"（人と 木と ひととき）在日语语境里带有轻松、自在的意味，表达了一个人和树木持续几百年的关系。因此产品名字和品牌商标被放置在标签的边缘，以给人一种微妙的印象。

设计概念

如今，用木桶酿制的清酒在日本已变得非常罕见，与通过现代设备酿造的清酒不同，它们更具优雅、独特的甜味和余香。这一点应当在包装上突显出来。设计团队从工匠倾心打造的雪松木木桶上描摹出部分纹理，使用通过热处理变透明的特殊纸"Pachika"，结合击凹工艺，将纹理制作成半透明的木纹图案来表现木桶的质感，并配以优雅的白色，从而衬托出在木桶中酿造的清酒所呈现的米黄色。

③ 设计师根据清酒的类型使用透明瓶和磨砂瓶。在透明瓶中，可以从背面透过清酒看到木纹。

灾备果冻

在名为博赛太空食品项目（Bosai Space Food Project）里，产品研发公司 One Table 首次在日本推出灾难时期可食用的果冻。这些果冻作为储存式食品以"Life Stock"品牌的形式销售，旨在满足日本人在灾难时期的营养需求。

客户：ONE TABLE
设计公司：日本电通
创意指导：Syunichi Shibue
艺术指导：窪田新
设计：窪田新 / HIROKI URANAKA

① 简易的水果造型加上明亮的蔬果颜色搭配，让包装看起来更加突出，也很直观地表现出产品。

设计概念

果冻体积小巧，易于储存。通过易于理解的图形设计，人们可以一眼就能识别出产品的口味。为了安抚人们在灾难中焦虑的情绪，图形用色温暖、明亮。版式也清晰简洁，使包装看起来就像一本用剪纸制作的绘本。

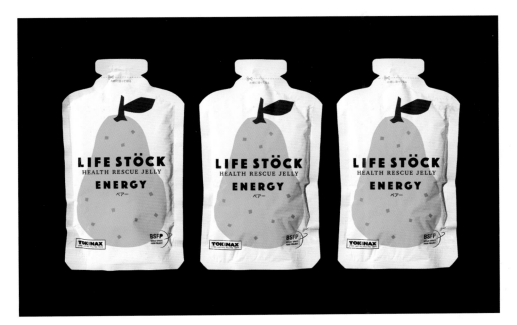

梨味

C30 M5 Y100 K0

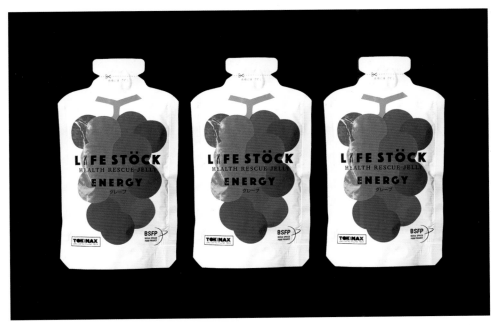

葡萄味

C65 M73 Y0 K0

苹果加胡萝卜味

C5 M98 Y80 K0

C16 M94 Y100 K0

② 颜色采用了最直观的蔬果成熟颜色。而包装的底色是白色，白色的包装材质在一定程度上更加耐保存。

桃园产品包装

一个由三代人共同经营的桃园的产品包装。

客户：Touri Inc.
创意指导：Goro Yoshitani
艺术指导：窪田新
设计：窪田新

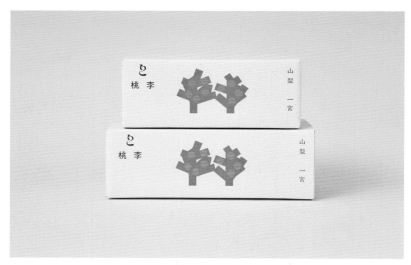

C0 M73 Y19 K0

① 荧光粉代表了桃子原本的颜色，它的加入使扁平化的图形设计变得更具视觉冲击力。同时，荧光粉可以给人一种新鲜水果的印象，让人感到精神振奋。

设计概念

设计师窪田新以日本传统家纹为概念，通过现代抽象的表现形式设计了代表桃子和桃树的图形，希望通过这种形式吸引更多年轻消费者的关注，并表达不仅要卖桃子，还要享受在农场度过的时光。

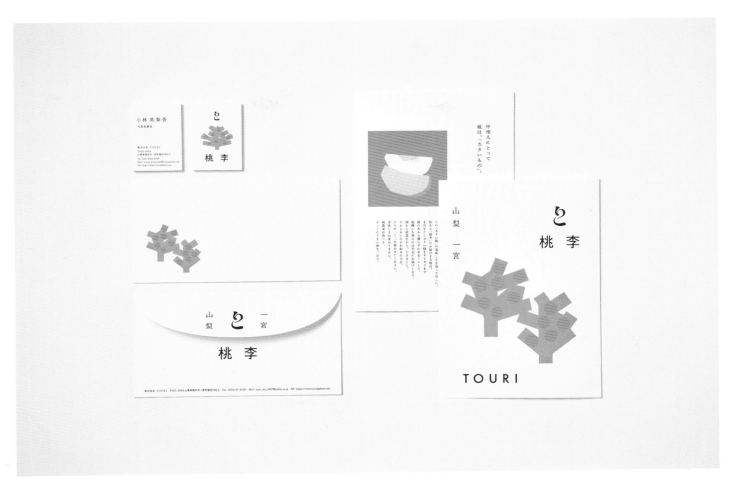

宣传物料

② 印刷的纸张采用了传统的日本纸。

③ 字体根据思源黑体进行了调整。

④ 此处的印刷通过网点密度的变化形成色彩浓度的层次变化。

豆沙酱

这是由 AN-FOODS 新泻食品公司推出的"豆沙酱"。品牌方希望红豆沙能像果酱那样融入人们的日常场景，因此包装被设计成就像早餐时果酱涂在了面包上。

客户：AN-FOODS 新泻
设计公司：ad house public
创意指导：柳桥航
艺术指导：白井丰子
设计：白井丰子
插画：白井丰子

① 这款包装的结构采用插盒式结构，方便拿取里面的产品。

设计概念

设计团队以年轻女性为对象，想象她们把产品拿在手里的感觉，希望设计能给人一种杂货的印象。通过利用彩色铅笔营造的温柔的笔触，加入看起来很美味的插画以及柔和的暖色调，整体设计带出了轻松、温馨的氛围。

包装解决了什么问题？

在日本，早餐"比起米饭更喜欢面包"的人日益增加。特别是"红豆沙"，人们认为它老派，甚至是传统点心，已经不适合现在的早餐文化，因此年轻人购买红豆沙的机会也变得越来越少。假如能让人联想到涂在面包上吃的场景，或许它就更容易融入人们的日常生活，再配合轻松可爱的包装设计，相信年轻人也会开始留意和享受红豆沙。

外包装镂空图形

瓶身标签镂空图形

② 外盒包装与瓶身都做了图形镂空的处理，但外盒的图案比瓶身小，避免了镂空重叠的情况，而瓶身的镂空刚好能清晰看到果酱。

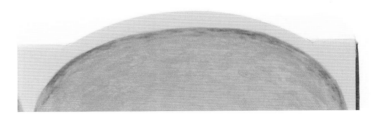

③ 外盒上方的弧形是利用了模切工艺，让包装更贴近于面包的形状，增加设计感。

【看板あんこ】
北海道産の豆を
厳選して使った
甘さ控えめな
定番あんこ。

【スイートポテト】
新潟産のさつまいもを
使った、ほくほく
かためのあんこ。

【いちご】
新潟産の紅はるか
を使用した、
甘酸っぱくて
小豆あん。

パンにもちろん！
あんパンやお団子、おはぎなど
お菓子の和スイーツにも使えたり、
パンケーキやフレンチトーストのトッピングにも。
コーヒーにも合います。

いろんな食べ方で楽しもう！

Sweet bean paste "ANKO Jam'

あんdeぱん

あん職人が作った、こだわりのあんジャム。
3種のフレーバーをお楽しみください。

あんフーズ NIIGATA

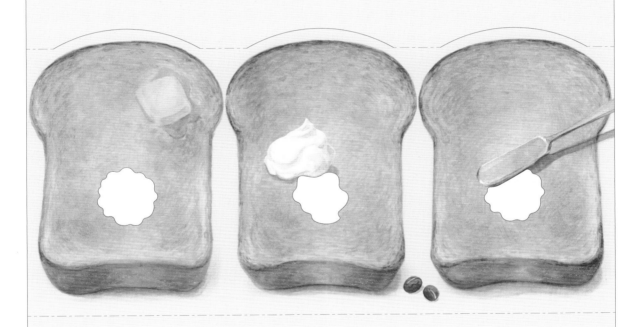

 あんフーズ NIIGATA

全員があん職人として
こだわりをもつ、私たち
「あんフーズ」。
安全で美味しいあんこ
を作るため、できるだけ
地場産の食材を使い、
保存料無添加の伝統的
な製法を守ります。

Sweet bean paste "ANKO Jam'

あんdeぱん

【雪室あんこ】●名称:小倉あん ●原材料名:砂糖(国産)、小豆、食塩【スイートポテト】●名称:スイートポテトあん ●原材料名:砂糖(国産)、白いんげん、さつまいも、水飴、バター(乳成分を含む)【いちご】●名称:いちごあん ●原材料名:砂糖(国産)、小豆、いちご ●内容量:420g(140g×3個) ●賞味期限:枠外に記載 ●保存方法:高温多湿を避け常温で保存。開封後は冷蔵保存し、お早めにお召し上がりください。●製造者:株式会社あんフーズ新潟 新潟市江南区曙町4丁目3-6
お問合せ 025-384-8330(平日9~17時)

栄養成分表示(100g当たり)

	雪室あんこ	スイートポテト	いちご
エネルギー	244kcal	164kcal	244kcal
たんぱく質	5.4g	2.9g	4.7g
脂質	0.6g	1.4g	0.6g
炭水化物	54.0g	34.9g	54.9g
食塩相当量	0.1g	0.0g	0.0g

(この表示値は、目安です。)

賞味期限(開封前)

紙 スリーブ　ダンボール 身箱

4580002160262

插盒包装展开图

旅行愉快

这是为艺术家彼得·多伊格（Peter Doig）在日本首次个展制作的礼品糖果包装。主题为"旅行愉快"（bon vogaye）。

客户：东京国立近代美术馆
设计公司：Study and Design Inc.
艺术指导：Moe Furuya
设计：Moe Furuya
糕点师：Mio Tsuchiya

① 整体包装设计几乎没有直线，无论是线条、字体，还是盒子的切割线，都以弯曲的轮廓线进行设计，表达了海洋和艺术家作品的本质。

设计概念

彼得·多伊格被认为是一个不断重复相同主题的画家，而"独木舟"就是其中一个经常出现的题材。作为限定纪念品，糖果由清酒和一种通过名为"Bladderwrack"的海藻酿造的杜松子酒制作而成，因为这种海藻产自苏格兰最北端的一家酿酒厂，而多伊格就是在那里出生的。为了配合像独木舟一样的糖果形状，包装也被设计得像海浪，表达了在彼得·多伊格的世界里扬帆起航的甜蜜。

② 印刷上，盒子采用了凸版印刷，使曲线看起来更立体，营造大海里起伏的波浪的感觉。

③ 盒子顶部封闭处采用了模切工艺，使得两个翻盖都有类似波浪的弧度，还做了卡口的设计，更具有设计感。

宇宙甘酒

日本甘酒（甜酒）是一种甘甜的传统浊酒，通过发酵大米酿造而成，酒精含量极低或不含酒精。末广酒造推出了一种便携式甜酒，将酿造的甜酒冷冻干燥，制作成既能直接食用，也可以用热水或牛奶浸泡的甜酒，取名为"宇宙甘酒"。

客户：末广酒造
创意指导：新村则人
艺术指导：新村则人
设计师：庭野康介

设计概念

设计采用真空包装，以更好地保存干燥的甜酒。同时为了体现宇宙感，使用银色的纸。

包装解决了什么问题？

由于产品本身看起来比较简约，因此设计师选用有空间感的排版和字体适当地遮挡住部分产品，并采用丝网印刷，使浅色能很好地表现出来。

① 作为一款酒类产品，在呈现的形态上采用一种全新的形式，所以设计师在包装设计上更加大胆，结合产品本身就像一颗药丸的概念，采用了类似药品的包装。非常方便携带，也更加吸引年轻人。

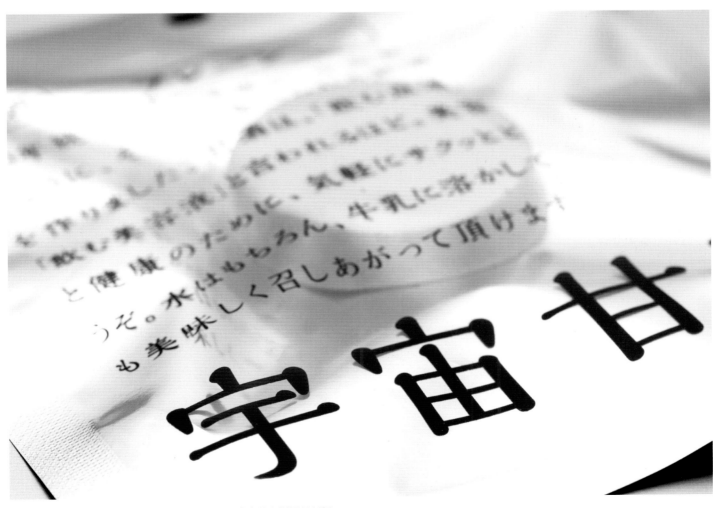

② 包装材料选用了药用级别的复合塑料，对于酒类产品来说别具创新。

山鲸屋积木

位于高知县的山鲸屋（山のくじら舍）是一家使用当地木材和建筑废料，手工生产积木玩具和杂货的公司。这是他们以海洋为主题的积木系列包装设计。

客户：山鲸屋（山のくじら舍）
设计公司：BULLET Inc.
艺术指导：Aya Codama
设计：Aya Codama / Ryoya Yamazaki

① 盒子上的藏蓝色为山鲸屋的品牌色。配色以白、蓝、银为主，用色纯净，一方面是为了避免华而不实，简单的配色易于提升高级感；其次，触感纸的手感是外包装盒的亮点，这一点不应该被色彩掩盖。

② 包装里的内容物通过击凸和烫印处理，直接呈现在包装上，使小孩和家长在包装拆封之前就能清楚了解到盒内积木的形状及主题。

设计概念

包装盒由白色的压纹特殊纸和粗纹蓝纸制成，手感舒适。每一件积木都带有可爱的面孔、小眼睛和微笑的嘴巴，设计团队充分利用了这一点，将每一种海洋动物的剪影和笑脸视觉化，设计成包装的主视觉。剪影图形经过击凸处理，手感更明显。眼睛和嘴巴采用银箔烫印的工艺，更显生动活泼。

包装解决了什么问题?

包装风格简洁、温馨，触感纸的选用，给人一种高品质的儿童礼物的感觉。

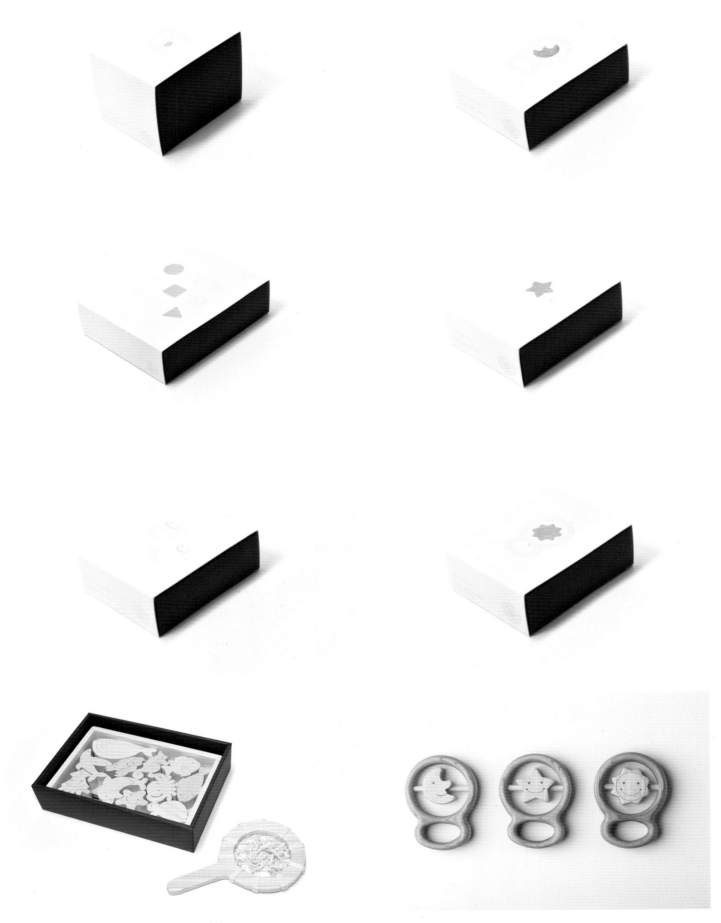

③ 包装的封面造型是按照产品的图案来设计的。

Miltos x 少爷列车 联名巧克力

位于爱媛县松山市的少爷列车（Botchan Ressha）是日本现存最古老的轻型火车头，也是松山市最著名的旅游景点之一，至今已有一百三十多年历史。为了推广当地的旅游业和文化，纪念克服重重困难而得到重生的少爷列车，伊予铁路与巧克力工厂 Miltos 合作，联名推出了一款巧克力。设计师高桥祐太受邀，以一种简约、奢华的风格完成了首个官方联名巧克力的包装设计。

客户：MILTOS / 伊予铁路
设计公司：Yuta Takahashi Design Studio Co.
创意指导：高桥祐太
艺术指导：高桥祐太
设计：高桥祐太

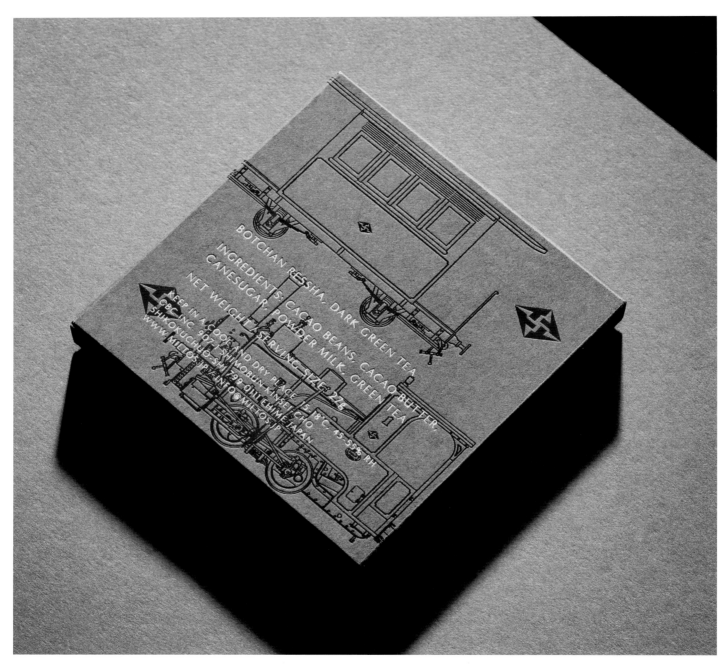

① 包装以香水为灵感，搭配稳重的色调，传递巧克力的醇香。

设计概念

根据实际拍摄的图片，同时也出于对铁路迷及铁路历史的尊重，设计师将火车头的原型重现在包装上，通过一些像火车零件的图形元素、哑光黑色烫印工艺，展现了蒸汽朋克的感觉以及少爷列车那份平静的氛围，令人感受到原始火车的魅力。

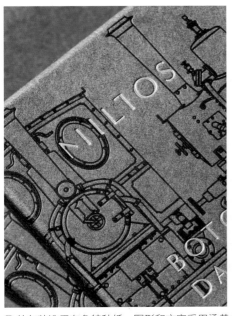

② 外包装选用有色特种纸，图形和文字采用烫黄金和烫黑金工艺，拉开层次感，形成对比。

③ 产品折页选用有色的特种纸张，配合印金工艺，传递品质感。

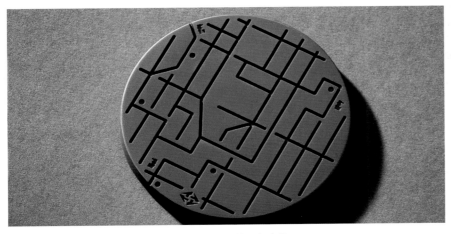

④ 巧克力上的线条看起来像迷宫，象征少爷列车的运行路线。

包装图案手稿

寿司礼盒

芜菁寿司（かぶら寿司，Kabura-zushi）是一种将黄狮鱼或鲭鱼鱼片夹在芜菁（又称圆菜头）中间，再和熟米饭一起发酵做成的"三明治式寿司"，它既是日本富山县的地方菜，也是食品加工公司"YONEDA"的招牌产品。这是设计公司 RHYTHM 为其年终礼盒所设计的包装。

客户：YONEDA
设计公司：RHYTHM Inc.
创意指导：Junichi Hakoyama
艺术指导：Junichi Hakoyama
设计：Junichi Hakoyama

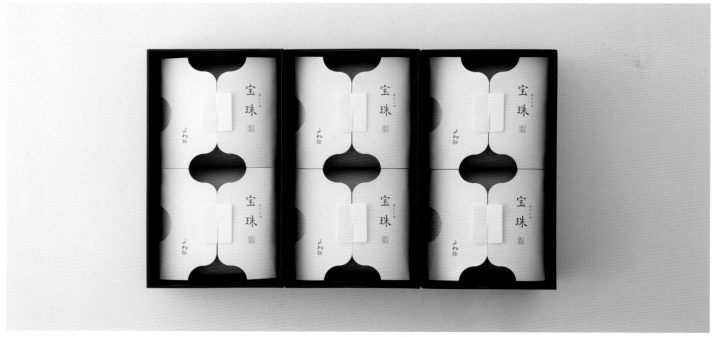

设计概念

产品的特性必须通过包装的外观和质感传达出去。基于这样的想法，设计团队将设计重点放在整体的色彩搭配、内包装的选纸和结构以及盒子拿在手上的质感上。他们尝试不同的纸张，反复制作模型，最终选用了一种柔和的白色纹理纸来制作内包装的纸盒。

包装解决了什么问题？

该产品是以年终礼物的形式销售的，因此包装的概念必须能传递出来自赠送者的感激之情这一点，并通过其形状和材质让收到礼物的人感到高兴。通过这样的包装设计，这款寿司已经成为当地的长销产品，得到了许多人的支持。

宝珠
ほうじゅ

① 富山县位于日本北部，冬天时常常下大雪。白色的纸张及其特有的细腻纹理，不仅充满了高级的质感，而且像雪花般温婉地表达了这是来自该地区的"礼物"。

纸张名字
紫貂白雪公主 160g

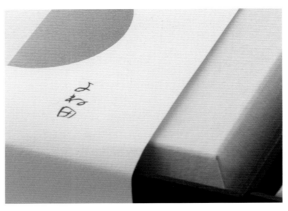

② 外盒纸张与标贴纸张都有着细腻的纹理，手感好，品质强，再结合传统图形的展示，让包装体现高级感。

③ 此处是盒子被打开的展示图。内盒的上下边缘利用模切的工艺，边缘裁剪成特别的弧度，将其垂直陈列时就能拼凑出圆头菜形状般的剪影，所有这些剪影形成了重复性图案，从而巧妙地强调出寿司的重点食材。

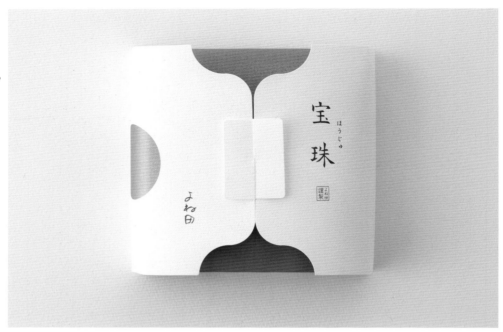

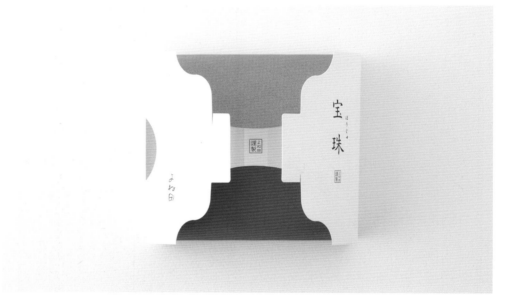

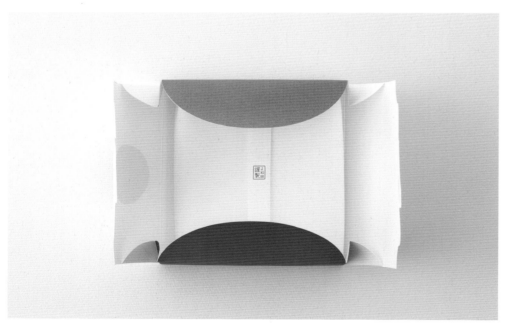

④ 内盒上方闭口处采用蝴蝶扣的工艺来设计，让包装显得更加优雅有设计感。

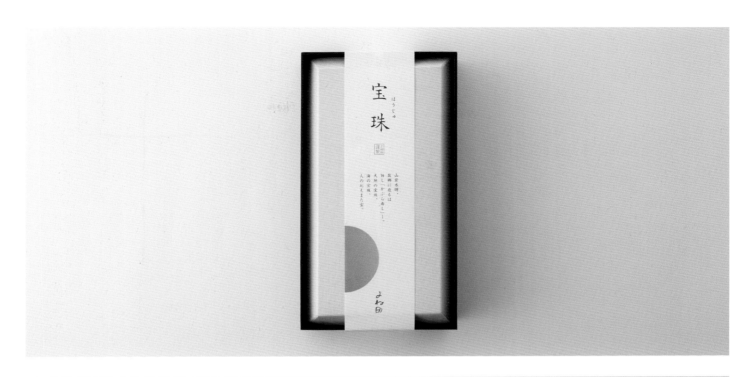

无界限：实验性包装

这是印刷公司 CENTRAL PROPHICS 在技术展上所展出的包装设计，主题为"无界限"（No Limit），利用最新研制的高端数码印刷机探索包装设计的边界。

客户：CENTRAL PROPHICS
创意指导：Hiroaki Nagai
设计：清水彩香
印刷：CENTRAL PROPHICS

设计概念

透亮的、浑浊的、反射的、吸光的、粗糙的、光滑的、哑光的、温润的……
是否能用一种单一的"色彩"进行如此多样的表达？基于这样的想法，设计师清水彩香利用 Indigo 7900 数字印刷机和 Scodix Ultra 数字烫金处理器创造了一个银色的世界。

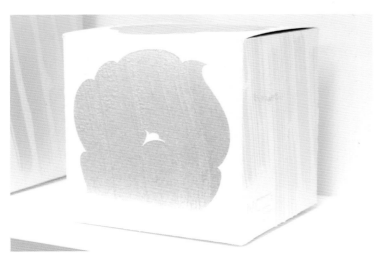

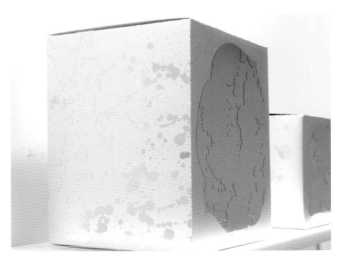

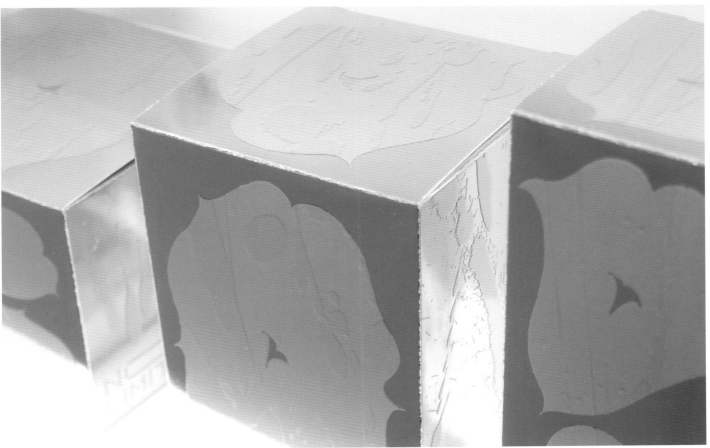

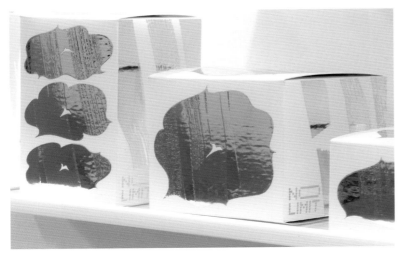

银色的特殊纸营造出像银箔的质感，而看起来像白纸的地方实则是用白色油墨印刷而成的，以此实验性地探索纸张与印刷工艺之间的界限，开拓包装设计上更多的可能性。

睡眠香薰 "kukka"

这是一款根据中医原理研发的精油喷雾，能有助于缓解五种失眠症状。芬兰是世界上平均睡眠时间最长的国家，因此产品名取自"kukka"，它在芬兰语中意为"花"。

客户：Hinatabi Co., Ltd.
设计公司：LIGHTS DESIGN
创意指导：Koichi Tamamura (LIGHTS DESIGN)
艺术指导：Satoru Nakaichi (LIGHTS DESIGN)
设计：Satoru Nakaichi (LIGHTS DESIGN)
产品设计：Fumyasu Kawamura (VYONE)

外包装

五款香薰

设计概念

设计团队利用不同的色彩和图形元素设计了5种标签，以配合不同的香薰气味。图形被设计成无法识别的特定花卉，这样人们就可以根据外观和收藏性进行选择。除此之外，他们还制作了一款风格素雅的包装设计，瓶子的形状在灰色为底色的纸上用白色表示，配上干净简洁的黑色 kukka 字样和对角线延伸的线条。

包装解决了什么问题？

据说，失眠是日本人的国病，五分之一的日本人说他们晚上都睡不好。为了解决国人的睡眠问题，设计公司 LIGHTS DESIGN 和 VYONE 从香薰喷雾的容器着手设计，制作了原创香薰瓶，让它在日常生活中更容易使用。品牌名称或标签不是直接贴在瓶子或其他容器上的，目的是为了让产品与房间内部融为一体。

工艺与材质

触感是该包装的重点。为了让花朵看起来更立体，这五种标签的设计通过凸版印刷和模切工艺完成。然后单独贴裱在外包装盒上，以此形成厚度和层次感。所以当顾客将产品拿在手上时，能感觉到微妙的"凹凸不平"的触感。此外，包装盒和购物袋的纸均采用了 FSC 认证的纸张。同时为了减少产品容器中塑胶材料的使用，设计团队独创了半人造玻璃瓶，使香薰瓶变成一种可持续产品，它可以作为花瓶来重复使用。

五种标签设计与配色

DIC 2632	DIC 2245	DIC 216	DIC 2245	DIC F43
C0 M100 Y20 K0	C40 M100 Y94 K10	C90 M0 Y60 K5	C40 M100 Y94 K10	C100 M85 Y0 K0
DIC 167	DIC N957	DIC 87	DIC 139	DIC 216
C0 M0 Y100 K0	C0 M10 Y0 K60	C0 M0 Y90 K0	C82 M0 Y0 K0	C90 M0 Y60 K0
DIC 160				
C0 M76 Y100 K0				

购物袋

版式

不要认为包装只是方寸之地，日本的设计师对于小小包装盒上的版式编排也是非常考究的。日本包装上所设计的文字类型较多，包括汉字、假名和英文等等。也正因为这样，在包装上的文字可以有各种不同的排列组合。日文中的假名与汉字既可以横排，也可以竖排。所以当假名、汉字和英文同时出现时，设计师往往会把汉字和假名竖排，英文信息横排，使整个画面更加和谐，产品信息的传递也更加清晰。

福冈咖喱

这是与不断在排队的、日本福冈人气咖喱店共同研发的速食咖喱系列。

客户：株式会社キヨトク
设计公司：湖设计室
艺术指导：滨田佳世
设计：滨田佳世
摄影：山中慎太郎 / 门司祥
插画：MONDO / YOHEI OMORI

C5 M18 Y88 K0	C40 M100 Y96 K5	C23 M65 Y84 K0

① 包装采用黄、深棕、红橙三种颜色来区分不同口味的咖喱，直观清晰。

② 为了让消费者更加直观地了解产品，包装画面主图采用产品摄影的方式呈现，图形语言有效传达，直接明了。

设计概念

包装以照片为主元素，起到了增强人食欲的效果，同时配合出自人气艺术家之手的插画，营造出店铺所具有的亚文化氛围。为了不让商品被埋没在琳琅满目的货架上，设计采用了类似食谱封面的照片和排版风格，并加入了一些杂货元素，瞄准了土特产和礼品的需求。大尺寸的照片给人以视觉冲击感和真实感。

包装解决了什么问题？

该包装设计需要兼顾土特产和日常食品这两个方面的市场，因为产品不仅会在车站、机场，还会在超市和书店里销售。另外，作为在日本和国外都很受欢迎的美食城市福冈的纪念品，该产品的开发重点是福冈的咖喱热潮，其想法是开发出具有前所未有的多样性产品，如具有名店的味道、安全的形象、与 SNS 的亲和力、艺术和亚文化的背景。

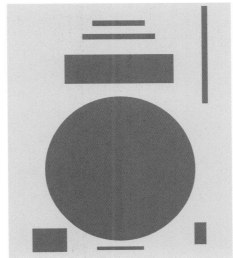

三款包装采用统一的构图形式

版面编排延展

①

②

③

酒粕护肤品：东京 AKOMEYA

粮油屋"东京 AKOMEYA"除了生产大米、酱料，还推出了用日本清酒的酒粕来制作的护肤品。

客户：The SAZABY LEAGUE
设计公司：Knot for, Inc.
艺术指导：Taki Uesugi
设计师：Taki Uesugi / Hideki Saijo

这款包装分为长瓶装的化妆水款和短瓶装的美容霜款两种包装

化妆水　　　　　　　　　美容霜

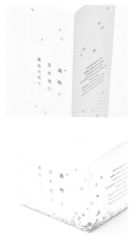

① 这两款包装采用黑、白两色作为主色调，进行极简的设计呈现。符合市场上大众对化妆品产品的传统印象。在商业设计中这种大众认知是非常重要的，也是比较保险的设计方式。

设计概念

设计团队认为设计越简单，越能彰显高级感，设计繁复的包装并不是优质护肤品的首选，应当注重简洁。此外，该产品的核心成分是酒粕，它是酿酒后剩余的残渣，颜色为白色，质地呈糊状，因此选用了极简的版面和黑白单色来设计包装。每一个从上而下掉落下来的字母描绘了酒粕的沉淀过程，而这也是设计团队最想呈现的景象。

包装解决了什么问题？

酒粕可以维持肌肤健康，这样的特点应当在视觉上传达出来。对于该项目的设计师来说，简约、柔和的设计是化妆品最好的选择，同时由于该品牌是一家贩卖各式各样的食品和杂货的严选店，商业化、成熟的包装设计不是最好的选择，因此在简约的包装上加入了一些趣味性元素，这既避免了包装过于朴素，同时还能让产品在琳琅满目的店铺中脱颖而出。

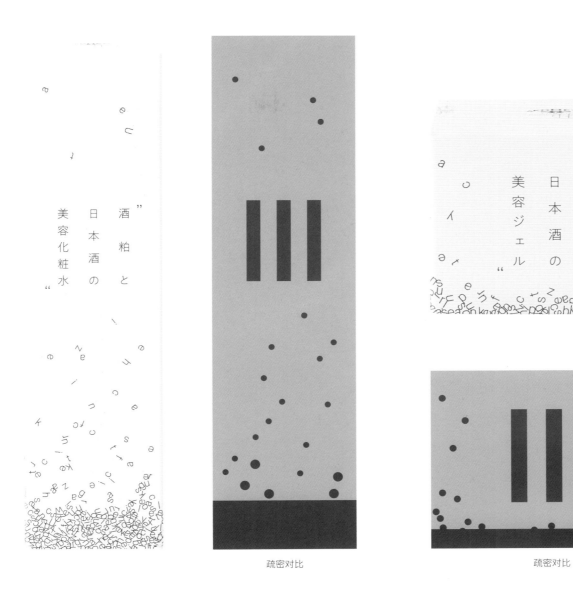

疏密对比

疏密对比

② 在版式的设计上,设计师采用了"疏密对比"的平面构成方法,字母由上而下掉落形成沉淀,表达酒粕的沉淀感。产品名称以三栏对称的方式居中排列,四周大量留白,形成视觉聚焦。

版面编排延展

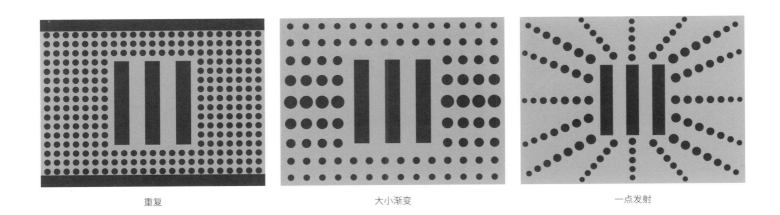

重复

大小渐变

一点发射

四轮小麦烤麸圈

在日本，有一种传统食品叫烤麸圈（日语：麸，Fu），它由小麦制成，口感类似面包，常与味噌汤或煮物等一起烹调，低卡路里、富含钙和高蛋白质，对素食者、小孩和老人特别有益。宫村制麸所是一家专注于传统食品的日本公司，坚持用最好的原材料，手工制作出最美味的烤麸圈。这是他们新产品"四轮烤麸圈"的新包装设计。

客户：宫村制麸所（Miyamura seifu Inc.）
设计公司：himaraya design
创意指导：Takanori Hirayama
艺术指导：Sayaka Adachi
设计师：Sayaka Adachi
插画师：Toshiyuki Hirano

烤麸外包装

① 外包装版面图文的布局通过大小的对比和可识别性的特性将视觉焦点聚焦在文本上。

采用水墨手绘的主视觉图案

设计概念

形式简单利落,主视觉由水墨画风格的手绘的烤麸圈图形和书法字体构成，不仅给人以日本传统食物的印象，也不失现代感。

包装解决了什么问题？

虽然这是一种传统的食品，但是对于许多年轻日本人来说是过时的，他们甚至都还没有吃过。包装内附有一张包含各种食谱的小册子，介绍了日式和西式的做法，并加入了生动的手绘插画，这样做的目的是让不了解小麦烤麸圈的人也能想象到它的美味。

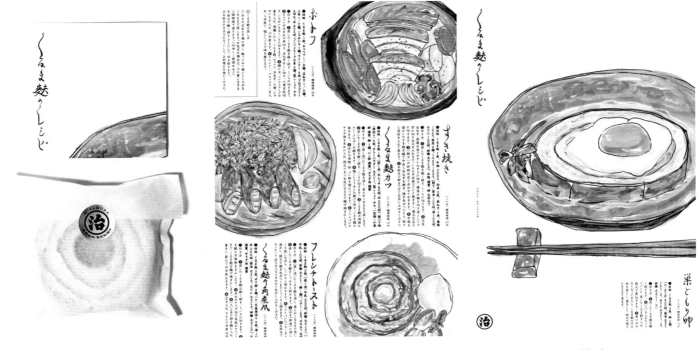

内包装及食谱 食谱（正面） 食谱（背面）

② 食谱是一个六宫格的折页，食物的插图和文字刚好分布在两个三角对角线上，版面整齐统一，阅读清晰，这种构图的方式符合视觉流程的阅读（Z 字形）。每个圆形小插图也像外包装那样做了破边处理。

版面编排延展

除了 Z 字形的视觉流程之外，还有 I 字形、L 字形、Y 字形等。

I 字形

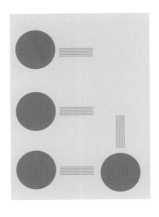

L 字形

Y 字形

咖啡羊羹

自昭和二十五年（1950年）创业以来，都松庵一直秉持着"健康""安全""无粉"的宗旨，生产并销售日式传统甜点羊羹。他们新推出了一款咖啡口味的羊羹，SANOWATARU 京都设计事务所受委托，为其设计了清新淡雅的包装。

客户：都松庵
设计公司：SANOWATARU DESIGN OFFICE INC.
创意指导：Wataru Sano
艺术指导：Wataru Sano
设计师：Wataru Sano

设计概念

图形上，设计师把咖啡豆设计成一个抽象的"咖啡圈"，在有限的平面空间内直观地传达产品名字中"For Coffee"的概念，同时为了营造出咖啡的质感，他利用煮好的咖啡，在包装纸上盖上"咖啡印记"。

① 版式上根据阅读习惯的不同,英文字符横排,日文字符竖排,以清楚地表达两种字符之间的区别,并选用极细线条的无衬线字体。而这还是一个包围式构图,从左上角开始读,顺时针读下来,最后回到图形,起到引导作用。

版面构图与视觉流程

版面编排延展

①

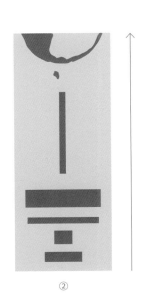

②

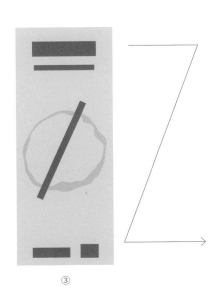

③

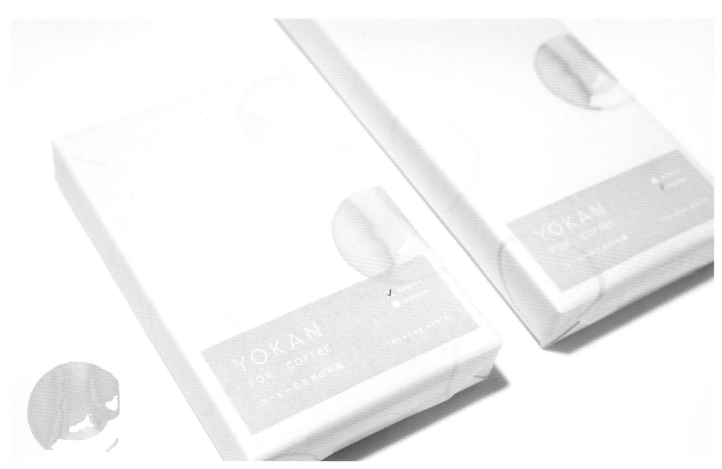

② 将常见的咖啡印记的图案作为包装设计的画面元素，画面上既有对比，又能让人感受到咖啡印记的独特。咖啡印记的图形是将用户习惯考虑进设计的
一种非常具有创意的手法。相比于直接放咖啡豆在包装上，采用咖啡痕迹更加特别，让人印象深刻，洁白的纸上，脏脏的咖啡痕迹也让人产生好奇感。

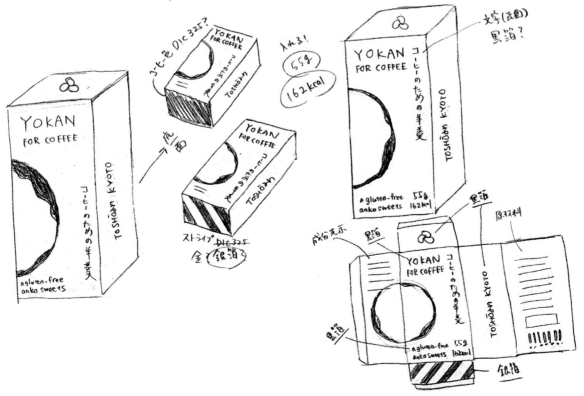

包装设计手稿

布丁甜品店 Cocoterrace

Cocoterrace 是日本爱知县常滑市一家家禽养殖公司所经营的布丁甜品店。
他们的布丁是用喂食非转基因大豆和水稻的母鸡下的新鲜鸡蛋制作的。

客户：Daily farm Co., Ltd.
设计公司：LIGHTS DESIGN
创意指导：Koichi Tamamura（LIGHTS DESIGN）
艺术指导：Satoru Nakaichi（LIGHTS DESIGN）
设计：Satoru Nakaichi（LIGHTS DESIGN）

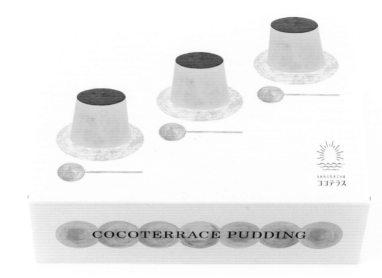

外盒采用翻盖盒的结构

设计概念

畜牧行业是几乎没有休息时间的重复性工作，就像太阳反复升起一样。另外，考虑到这家店的地理位置可以俯瞰伊势湾的日出，包装的主视觉除了布丁插画，还加入了既像"鸡蛋"又像"太阳"形状的插画，以此传递新鲜鸡蛋和手工甜点像"旭日东升"般的温暖和真诚。

包装解决了什么问题？

畜牧业缺乏接班人已经在日本成为了一个社会问题。该项目想要传递出"照亮日本农业的未来"意愿，因此整体设计以"生产者的诚意"和"安全食品"为主题。

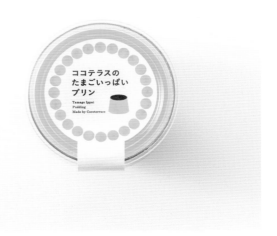

① 瓶装的布丁上的标签设计以"蛋黄"插图重复排列环绕主题的版面构图呈现，加强中心视觉。

② 手绘的插画图形应用既传递了手工制作的特点，又能给消费者亲近温暖的感觉。

外包装版面编排采用重复构成的形式

标签的设计同样采用重复构成的形式

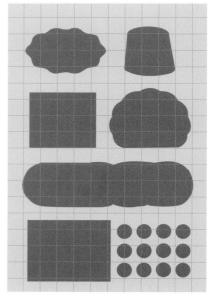

海报版面采用模块网格进行设计

版面编排延展

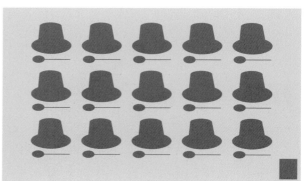

外包装

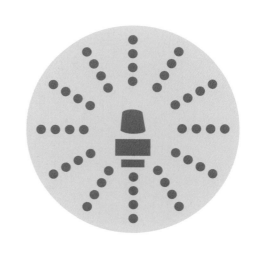

布丁图标

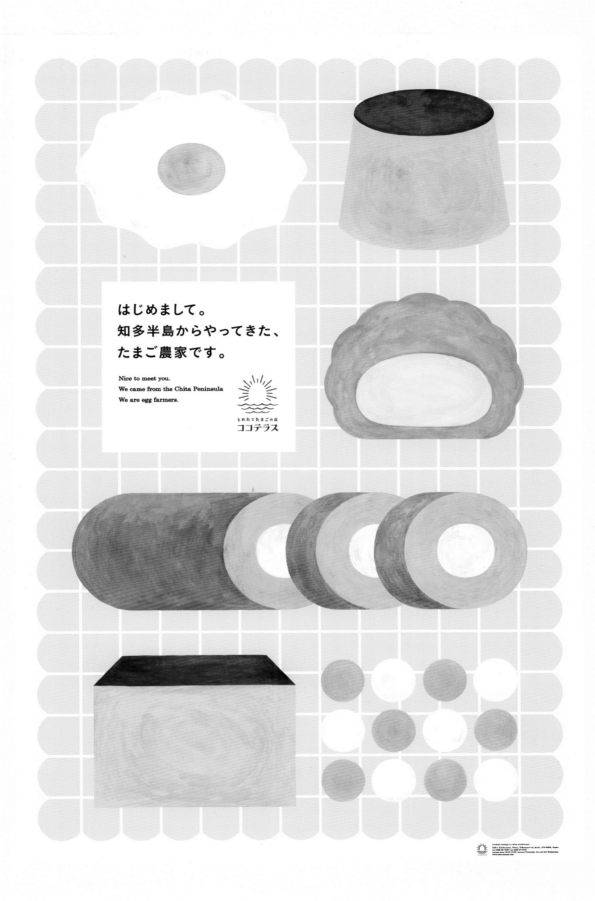

全部采用插图形式设计的宣传海报

附录
包装工艺效果图制作教程

在实际制作包装设计的过程中，我们都会遇到"如何将需要用到的工艺用
效果图的方式呈现出来"的问题，所以我们在本书的末尾附上这一实用教程，
一起解决这个问题。（这里选最常用的烫金、击凸和击凹工艺进行讲解）

烫金

烫印，又称烫金，是一种区别于印刷，利用温度与压力转印"金箔"的加工工艺。

烫印可以通过选择不同颜色、质感的"金箔"作为材料，以达到印刷没有的金属

光泽，提升产品的档次和质感。

以下为烫金案例过程展示

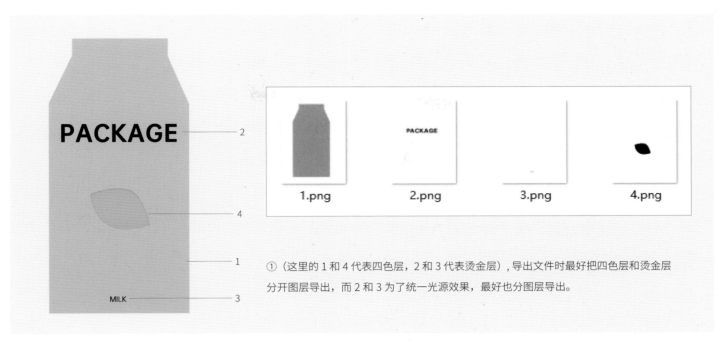

① （这里的1和4代表四色层，2和3代表烫金层），导出文件时最好把四色层和烫金层分开图层导出，而2和3为了统一光源效果，最好也分图层导出。

② 第一步我们先做2的烫金效果，需要做斜面和浮雕、内阴影、渐变叠加三个图层样式，为了呈现一种更加贴近真实的烫金效果和立体感。

* 斜面和浮雕是 Photoshop 图层样式中最复杂的一种样式。它包括内斜面、外斜面、浮雕、枕形浮雕和描边浮雕几类。PS 的混合模式中，图层样式斜面和浮雕的作用是形成像雕刻那样的立体感。通过调整斜面浮雕的参数，可以形成不同光照角度、不同雕刻深度的艺术效果。

* 内阴影是在 2D 图像上模拟 3D 效果的时候使用，通过制造一个有位移的阴影，来让图形看起来有一定的深度。

*PS 中渐变叠加样式可以为图层内容添加渐变颜色，使图片的效果呈现渐变的效果，看上去更加流畅更加美观。

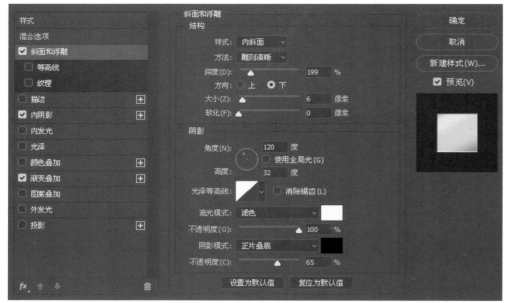

"斜面和浮雕参数"

样式：内斜面；方法：雕刻清晰

深度：199%；方向：下

大小：6 像素

角度：120 度；高度：32 度

高光模式：#ffffff、滤色、100%

阴影模式：#000000、正片叠底、65%

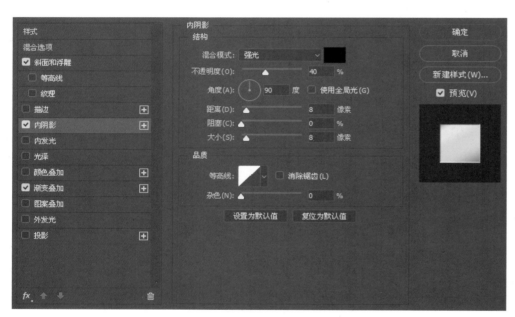

"内阴影参数"

混合模式：强光、#000000、40%

角度：90 度；距离：8 像素

大小：8 像素

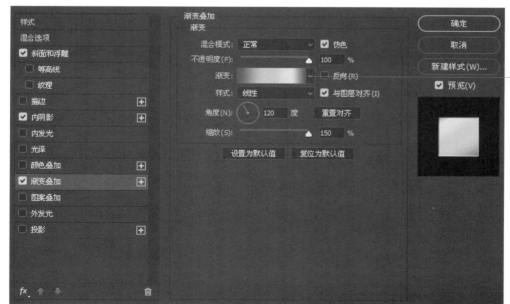

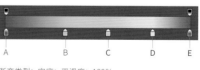

渐变类型：实底；平滑度：100%

A：#594a1b；位置：0%

B：#ffca3b；位置：32%

C：#ffd649；位置：56%

D：#ffebae；位置：78%

E：#7d661f；位置：100%

"渐变叠加参数"

混合模式：正常、仿色、100%

渐变样式：线性、与图层对齐

角度：120 度；缩放：150%

PACKAGE

MILK

③ 这个位置相当于我们平时放置 LOGO 的位置，所以相比于标题可以稍微减弱一下效果，浮雕样式会有所调整。

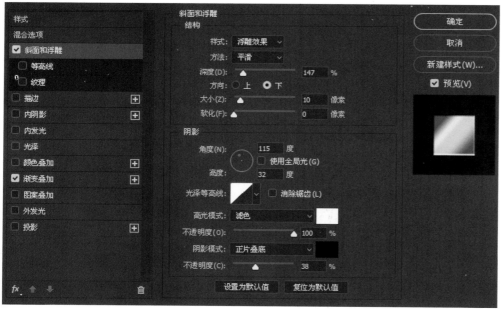

"斜面和浮雕参数"

样式：浮雕效果；方法：平滑

深度：147%；方向：下

大小：10 像素

角度：115 度；高度：32 度

高光模式：#ffffff、滤色、100%

阴影模式：#000000、正片叠底、38%

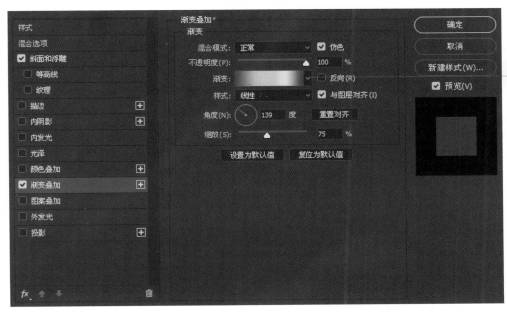

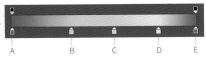

渐变类型：实底；平滑度：100%

A: #594a1b；位置：0%

B: #ffca3b；位置：32%

C: #ffd649；位置：56%

D: #ffebae；位置：78%

E: #7d661f；位置：100%

"渐变叠加参数"

混合模式：正常、仿色、100%

渐变样式：线性、与图层对齐

角度：139度；缩放：75%

击凸

击凸是一种常用的印刷工艺，其原理是通过压力使承印物呈现向上凸起的质感，原
理与烫印类似，主要起到增加触感的作用。

以下为击凸案例过程展示

击凸是一种常用的印刷工艺，其原理是通过压力使承印物呈现向上凸起的质感，原
理与烫印类似，主要起到增加触感的作用。

① （这里的 1 代表四色层，2 代表击凹层），导入 PS 时在做效果前先把击凹层的填充关掉，因为击层的图层样式一样，所以做好一个复制就可以了。

PACKAGE PACKAGE PACKAGE

② 击凹效果需要添加斜面和浮雕、内阴影、颜色叠加、渐变叠加这几种图层样式，为了呈现一种文字 / 图形凹陷的效果。

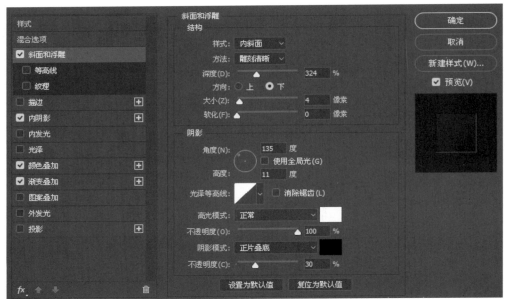

"斜面和浮雕参数"
样式：内斜面；方法：雕刻清晰
深度：324%；方向：下
大小：4 像素
角度：135 度；高度：11 度
高光模式：#ffffff、正常、100%
阴影模式：#000000、正片叠底、30%

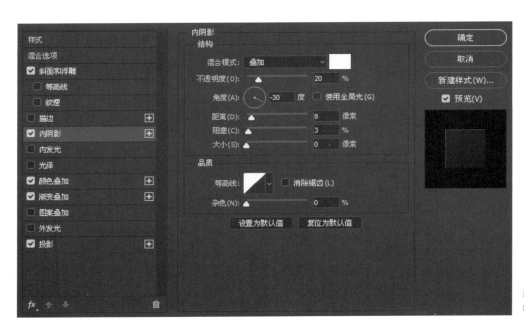

"内阴影参数"
混合模式：叠加、#000000、20%
角度：-30 度；距离：8 像素；阻塞：3%

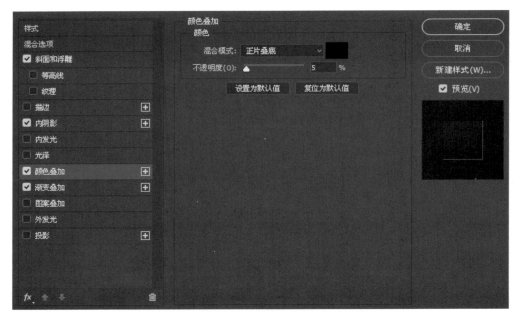

"颜色叠加参数"
正常模式：#ffffff、5%

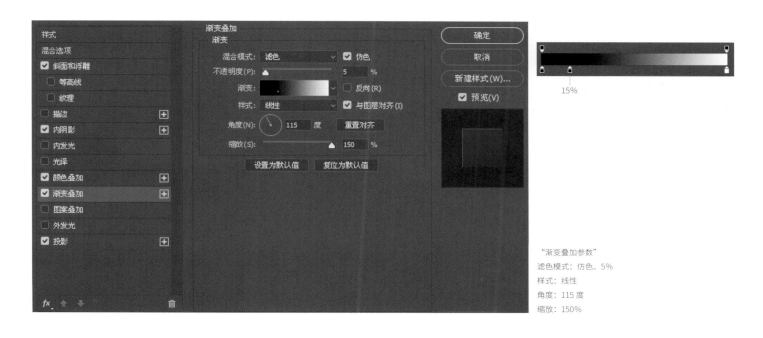

"渐变叠加参数"

滤色模式：仿色、5%

样式：线性

角度：115度

缩放：150%

致

谢

该书得以顺利出版，全靠所有参与本书制作的设计公司与设计师的支持
与配合。gaatii 光体由衷地感谢各位，并希望日后能有更多机会合作。

gaatii 光体诚意欢迎投稿。如果您有兴趣参与图书出版，请把您的作品
或者网页发送到邮箱 chaijingjun@gaatii.com。